北京科技大学经济管理系列教材

计算机应用实践

高学东 主审　王莹　潘静 主编

03

COMPUTER APPLICATION PRACTICE

经济管理出版社
ECONOMY & MANAGEMENT PUBLISHING HOUSE

图书在版编目（CIP）数据

计算机应用实践/王莹，潘静主编. —北京：经济管理出版社，2009.5

ISBN 978-7-5096-0620-9

Ⅰ. 计… Ⅱ. ①王… ②潘… Ⅲ. 电子计算机—基本知识 Ⅳ. TP3

中国版本图书馆 CIP 数据核字（2009）第 066705 号

出版发行：经济管理出版社
北京市海淀区北蜂窝 8 号中雅大厦 11 层
电话:(010)51915602　　邮编:100038

印刷：世界知识印刷厂　　经销：新华书店

组稿编辑：谭　伟　　责任编辑：谭　伟　孙　宇
技术编辑：黄　铄　　责任校对：郭　佳

787mm×1092mm/16　　10 印张　　230 千字
2009 年 6 月第 1 版　　2009 年 6 月第 1 次印刷

定价：22.00 元

书号：ISBN 978-7-5096-0620-9

目 录

第1章 绪 论

信息技术的日新月异，在带给人们生活方便的同时，对管理办公的支撑作用也越来越显著。如何让经济管理类学生具有较高的操纵电子工具的能力，一直是从事管理信息支撑领域教学的教师们的一个重要课题。“计算机应用实践”这门课程就是这样应运而生的。自2001年以来，该课程已经成为经济管理类专业的学生掌握现代计算机办公技术的主要课程和窗口，在经济管理类学生的知识体系中占据重要地位。本实践课程重点训练学生对文字进行标准化格式排版，利用办公自动化软件中内置的公式进行数据计算、统一风格的信息展示，以及利用简单工具在网络上发布信息。

计算机在管理中的应用，第一个环节就是掌握文档管理工具的使用。国内现阶段一个不争的事实是，无论是通过何种途径传播的，微软的Office办公软件都大行其道。因而有些人认为文档处理就是文字录入，用微软的Word文字处理软件编排一下，谁都会做。但事实是，真正做好文档处理其实并不那么容易。单以学生本科四年要完成的各种报告、作业、论文来看，学生就需要提交各种打印文档。而这些打印文档通常有统一的格式要求，例如，要求通篇统一的字体字号、规定文章中各级标题的字体大小以及前后段落间距、要求生成标准目录、要求参考文献按照在正文中的引用顺序进行排序、针对文档不同位置设定不同的页眉、页脚等。在学生们未来的工作岗位上，同样会遇到这类的文档处理问题。

进行常用办公软件培训和文档处理训练的必要性是显而易见的，问题是如何开展。书店、图书馆不乏微软系列办公软件的使用手册和教材，但很少会有人从头学到尾，因为这些手册和教材太注重软件本身的功能了，很少顾及使用者的需要。

《计算机应用实践》是《管理办公自动化原理与技术》课程体系的上部，通过该实践课程的学习，可以使学生熟练掌握办公自动化的基础软件，能够利用这些办公软件进行文字处理、分类计算、信息展示及信息发布，为学生将来更好地完成求学过程中各种论文、在公众场合展示自己打下技能基础，也为进一步学习管理办公自动化高级原理与技术做好知识储备。

1.1 课程教学基本要求

办公自动化软件的特点是易学易用，但用好了并不容易。首先，要让学生认识到学习的必要性；其次，让学生真正感受到掌握这些技能将直接惠及未来学业和工作。

本教材一改这类课程讲解粗浅办公软件应用的先例，通过搜集整理管理办公的场景案例，结合实际案例和场景训练进行管理办公自动化软件教学，即把同学们即将或可能遇到的管理办公场景和文档应用问题，提前在本课程实践中描述出来，使同学们提前认识到可能需要的软件功能，在完成文档作业的过程中，训练软件应用技巧。

在本课程教学过程中，力求对教学活动实施精确的过程管理，并注意把练习和案例实践进行归纳总结，在每章末尾形成单独小节，这样学生复习、教师进行口试的时候可以直接找到本章的知识点。

在教学过程中应注重培养和提高学生的：①文字录入能力；②统一的文字排版风格；③运用办公软件进行计算的能力；④为公众场合表述准备简洁大方的文字展示的能力；⑤简单信息发布能力。

1.2 课程考核

本课程的考查要求全院执行统一标准。

1.2.1 出勤考查（占总成绩的 10%）

①计算机应用实践计划上机 40 学时，每次出勤要求签到；

②按学院总体安排，每次上机 4 学时，共 10 次；

③任务：每次上机完成当堂实验。

1.2.2 课堂考查（占总成绩的 50%）

①每次课堂最后都进行实际操作考试，每次考试按 5 分制打分；

②考查内容分工作量、基础知识掌握和实际操作三部分；

③最后一次实验检查后两个实验效果（必须本人演示）。

1.2.3 文档作业（占总成绩的 40%）

①每次所做案例作为文档作业的一个章节，每章分两部分内容，第一部分为案例作业内容，第二部分为本案例学习心得。

②文档作业通篇按照案例 2“著书立说”的格式要求编写，要求有目录，各章有不同的页眉，页脚有总页码和分页页码，每章另起新页，保持二级标题，标题格式采用多级编号，即一级标题为“1. 简历编写”，“2. 著书立说”，等等。二级标题为“1.1 案例内容”，“1.2 案例心得”，等等。

③文档作业要求本人独立创作，如有雷同，均按 0 分处理。

1.2.4 文档作业评分要点

① 文档作业封面无页码、无页眉，目录页的页码要单独排序，正文开始时页码从 1

开始；

②通篇采用定制的样式，而且前后统一；

③目录中显示正文的页码和正文中具体位置要统一，例如，目录中显示“第2章……3”，那么在正文第3页中应该有第二章的标题和内容；

④每章要求使用不同的页眉，例如，第3章的内容要用“第3章 简历编写”作为页眉；

⑤每章作业中应不缺少知识点；

⑥正文要在页面设置内区域，不应该有超出页面边界的情况，无空白页；

⑦文档报告简洁、明晰，不存在多余的控制符号、空格等；

⑧文档报告中，不能出现有1无2的情况，例如，1.1下面只有1.1.1，没有1.1.2；

⑨目录中不可以出现不该出现的项，例如，规定三级以上标题出现在目录里，但其他级别的内容也出现在目录里，是不可以的；

⑩图表中的文字应该是顶格填写内容，不能同正文一样行缩进；

⑪正文中、段落中文字都必须首行缩进；

⑫列入标题的文字中，不能出现冒号（:）；

⑬标题与标题编号应该是一样的字号，不能出现字号大小的差异；

⑭标题下面至少要有一个自然段以上的文字。

1.3 本课程的选择

本课程抛弃一切软件版本纷争，采用当前被普遍接受，同时又很容易获取的微软系列办公软件，如当前个人用户使用较多的 Windows XP 操作系统和 Microsoft Office 系列办公软件等。

第2章　Windows XP 操作

在计算机不断普及、软件不断推陈出新的今天，任何一种软件的地位都不能和操作系统相媲美，它是其他计算机软件运行的基本土壤。

Windows XP 是微软新一代的操作系统软件，是 Windows 2000 和 Windows Millennium 的后继 Windows 版本。Windows XP 通过集成 Windows 2000 的强项（基于标准的安全性、可管理性和可靠性）与 Windows 98 和 Windows Me 的最佳功能（即插即用、易用的用户界面、创新的支持服务），实现了 Windows 系统的完美统一。

微软的策略是想让 Windows XP 成为 Windows Me 和 Windows 2000 的后续版本，也就是说，微软准备用 Windows XP 来取代所有 Windows 的前期版本，具体的计划是：在客户机领域，微软将 Windows XP 制作成两个版本——专业版和家庭版。专业版 Windows XP 适用于商业用户，可以取代现有的 Windows 2000 中的 Professional 版本；而 Windows XP 的家庭版则将取代原来的 Windows Me，占据家用机的市场。无论哪一种版本，都具备 Windows XP 引入的新特色和重要功能。微软为了真正做到给予用户在操作系统上更好的承诺，在 Windows XP 中加入了许多新的功能。媒体对于这些功能的评价五花八门。外观上的新特征包括：更为赏心悦目的界面、高品质的图标、任务栏、菜单等；而 Windows XP 内在性能上的改进则包括：更完善的电源管理机制、并行部件的共享机制、不同用户环境之间的快速切换机制、支持更精细模式的显示、综合护照功能、易用的“气球通知”功能和 GDI + 等。那么 XP 的目标是什么呢？Windows XP 的一个重要目标是给家庭用户和商业用户一种全新的体验。由于支持了更多的通信方式，用户可以通过实时的声音和影像更方便、更快捷有效地交流，如开电子会议。XP 也增强了移动功能，用户可以随时随地找到他们所需的信息。而在使用方面，XP 更新了帮助模式，在使用中遇到问题时用户可以在线请求帮助，查阅各种资料。

Windows XP 建立在增强的 Windows 2000 代码库之上，具有大量的新功能。Microsoft 推出了三个 Windows XP 版本，以满足家庭和工作中的需要。Windows XP Professional（专业版）是为商业用户设计的，有最高级别的可扩展性和可靠性。Windows XP HomeEdition（家庭版）有最好的数字媒体平台，是家庭用户和游戏爱好者的最佳选择。Windows XP 64-BitEdition（64 位版）可满足专业的、技术工作站用户的需要。本章基本上依据 Windows XP Professional Edition 进行讲解。这个版本包含了家庭版的所有优点，同时又适合大多数企业级的用户。

本章将结合日常办公自动化介绍该操作系统的使用及相应的技巧。

2.1 调整任务栏和开始菜单

任务栏和开始菜单的调整包括向开始菜单和程序菜单中添加项目、重组程序菜单上的项目、移动任务栏、定制任务栏和开始菜单等。

2.1.1 为开始菜单添加项目

桌面上的“开始”按钮是运行 Windows 应用程序的入口，是执行程序最常用的方式。可以说，用户要进行的一切工作都可以从这里开始。有些应用程序并没有提供安装程序，用户仅仅是把它们复制到硬盘上使用的。对于这类应用程序，为了运行方便，可以在程序菜单上为它创建快捷方式。

(1) 在开始菜单上添加快捷方式

步骤为：

①右键单击【开始】按钮，然后单击【打开所有用户】命令。

②在【文件】菜单上指向【新建】→【快捷方式】。

③执行【创建快捷方式】向导中的提示操作。

在默认方式下，步骤①打开的是资源管理器的“开始”菜单文件夹的根目录，因此创建的快捷方式将出现在“开始”菜单的“所有程序”子菜单的最顶部。如果想创建在其他子菜单上，可以直接进入对应的文件夹中创建快捷方式，或者直接建立新文件夹后，在里面创建快捷方式。

注意：必须以管理员或 Administrators 组成员身份登录才能完成该过程。如果计算机与网络连接，则网络策略设置也可以阻止用户完成此步骤。

对于登录到这台计算机的所有用户，所添加的快捷方式都将出现在指定的菜单上。管理员可以为这组用户剪切、复制、删除、重命名或移动快捷方式。

[练习 2–1] 管理员希望所有用户的“开始”菜单上都列有“写字板”。

注意：要将“开始”菜单上的快捷方式添加到每个用户的个人配置文件所在的文件夹中，请在“创建快捷方式”向导的第一个屏幕中键入%userprofile%，单击【下一步】按钮，然后在【键入该快捷方式的名称】框中键入通用的名称（例如，“用户的用户配置文件所在的文件夹”）。

除了上面介绍的方式外，还可以直接用鼠标拖动快捷方式图标并停留在“开始”按钮上，稍停片刻后，“开始”菜单就打开了，按住左键不放，拖动到想要移动到的位置即可。

除了在“开始”菜单的“所有程序”子菜单上添加快捷方式项目外，还可以直接在“开始”菜单顶部添加快捷方式。

(2) 在开始菜单顶部添加项目

步骤为：

①右键单击要在“开始”菜单顶部显示的程序（可以用右键单击“开始”菜单、Windows 资源管理器、“我的电脑”中或桌面上的程序）。在快捷菜单上单击【附到［开始］菜单】。该程序显示在“开始”菜单上的分隔行上方区域中的固定项目列表内。

②通过用右键单击程序，然后单击【从［开始］菜单脱离】，可以从固定项目列表中删除该程序。通过将程序拖动到新位置，可以更改固定项目列表中程序的顺序。

注意：不能在传统的“开始”菜单方式下执行此种方法。“开始菜单”的样式是可以更改的。在 Windows XP 中也提供了经典【开始】菜单，它很适合于用惯了早期 Windows 操作系统的用户。

（3）更改“开始”菜单样式

①【开始】菜单样式下：在“用户账户栏”中单击鼠标右键，选择【属性】命令，进入【任务栏】和【开始】菜单属性对话框，如图 2–1 所示。

②经典［开始］菜单样式下：按【开始】菜单，【设置】子菜单下的【任务栏和［开始］菜单】，进入“任务栏和【开始】菜单属性”对话框，如图 2–1 所示。

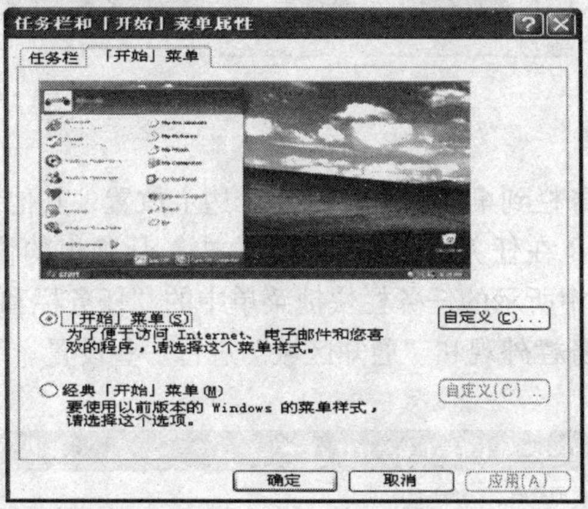

图 2–1　“任务栏和［开始］菜单属性”对话框

此外，通过单击不同菜单样式后的【自定义】按钮还可对【开始】菜单进行进一步设置，如单击【开始】菜单后的【自定义】按钮，可对“程序图标大小”、“【开始】菜单上的程序数目”进行设置，还可以“添加自定义［开始］菜单”。

[案例实践 2–1] 更改开始菜单的样式，将画图添加到开始菜单中，并将其移至菜单顶部（画图文件位置 c:\windows\system32\mspaint.exe）。

2.1.2　调整任务栏设置

在打开很多文档和程序窗口时，任务栏组合功能可以在任务栏上创建更多的可用空间。

（1）调整任务栏位置

默认情况下，任务栏被锁定在桌面的下部。但是用户可以解除任务栏锁定并把它移动到桌面的其他地方，以设定自己喜欢的其他任务栏操作方式。在任务栏的空白区域右击，弹出如图 2–2 所示的快捷菜单，可以看到“锁定任务栏”项处于选中状态，单击该项，取消选定，任务栏就解除了锁定。

图 2–2 任务栏快捷菜单

此时，可以拖动任务栏到桌面上下左右 4 个边上放置，其他地方无法放置任务栏。

任务栏的快捷菜单：在任务栏空白区域上右击，从弹出的快捷菜单上单击“属性”命令，将打开如图 2–3 中所示的任务栏快捷菜单中的“任务栏和［开始］菜单属性”对话框，在这里可以对任务栏外观和“通知区域”进行一些设置。

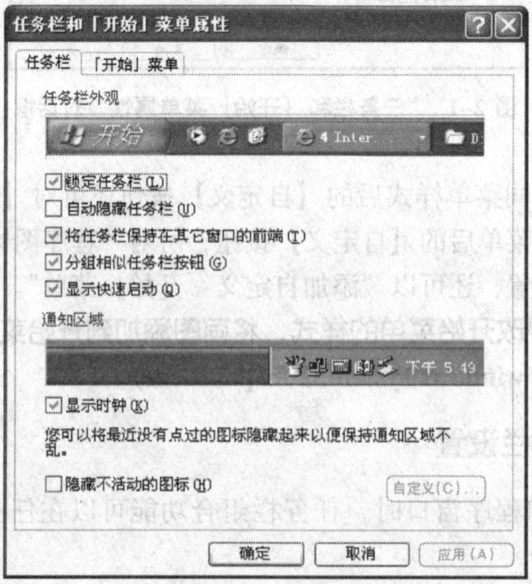

图 2–3 “任务栏和［开始］菜单属性”对话框

在“任务栏外观”栏中，各个复选框的作用如下：

①锁定任务栏：将任务栏锁定在其桌面上的当前位置，这样任务栏就不会被移动到新位置，同时还锁定显示在任务栏上任意工具栏的大小和位置，这样工具栏也不会被更改。

②将任务栏保持在其他窗口的前端：确保即使以最大化（全屏幕方式）窗口运行程序，任务栏也总是可见的。

③自动隐藏任务栏：隐藏任务栏。要再次显示任务栏，请指向任务栏在屏幕上所处的位置区域。如果要确保指向任务栏时任务栏立即显示，请选中“将任务栏保持在其他窗口的前端”复选框，并同时选择“自动隐藏任务栏”复选框。

[练习 2–2] 隐藏任务栏。

方法：右击【任务栏】；从弹出的菜单中选择【属性】；当“任务栏和开始菜单属性”对话框出现时，单击【任务栏（常规）】选项卡，选中“自动隐藏”复选框；单击“确定”按钮，使改动生效。

[练习 2–3] 在通知区中显示音量控制图标。

方法：打开【开始】菜单【控制面板】上的 【声音和音频设备】，如图 2–4 所示。

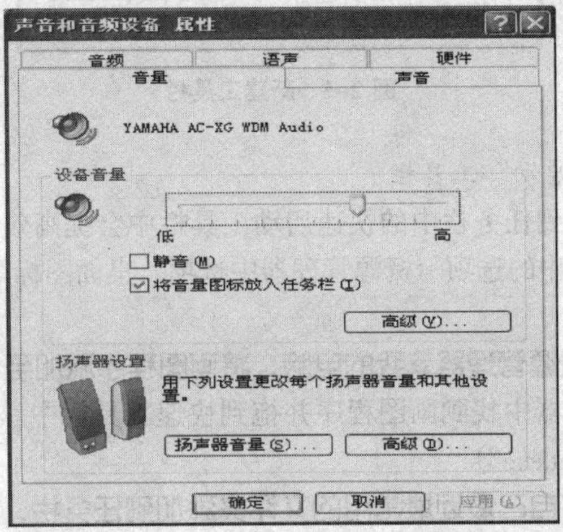

图 2–4　声音和音频设备属性

在【音量】选项卡的【设备音量】下，选择【在任务栏通知区域放置任务图标】复选框。

(2) 将工具栏添加至任务栏

用右键单击任务栏上的空白区域。

指向“工具栏”，然后单击所要添加的工具栏。

“桌面”工具栏将桌面上的项目（如“回收站”和“我的电脑”）放到任务栏上。通过单击双人字型符号（»）打开工具栏。

“快速启动”栏显示快速打开程序时所需单击的图标，显示桌面，或执行其他任务。

“新建”工具栏允许用户将文件夹的快捷方式放在任务栏上。

[练习 2-4] 将“桌面”添加至任务栏。

方法：右键单击任务栏上的空白区域；选择【工具栏】中的【桌面】，会发现“桌面”出现在任务栏中。

[练习 2-5] 将“我的文档”添加至任务栏。

方法：右键单击任务栏上的空白区域；选择【工具栏】中【新建工具栏】，如图 2-5 所示，选中“我的文档”，会发现“My Documents”出现在任务栏中。

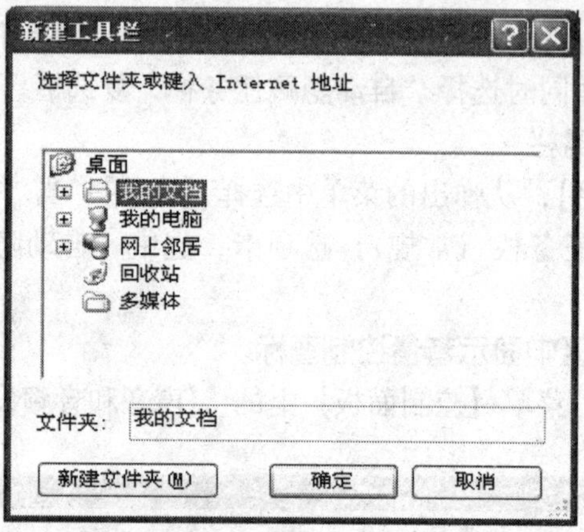

图 2-5 新建工具栏

(3) 添加至“快速启动”工具栏

将常用的程序添加到任务栏中的快速启动工具栏中会提高效率，具体方法是拖动要添加到快速启动工具栏中的选项（资源管理器中选项、桌面图标等）到工具栏，位置由 I 型光标决定。

[练习 2-6] 打开资源管理器或我的电脑，将画图程序添加至“快速启动”工具栏。

方法：在资源管理器中找到画图程序并拖到快速工具栏中。（画图程序位置：“c：\windows\system32\mspaint.exe”）

[案例实践 2-2] 将自己最近最常用的文件夹添加到任务栏，并将常用的可执行文件加入快速启动工具栏中。

2.2 任务计划

任务计划是在 Windows XP 中附带的系统工具，任务计划可以实现定时启动某一个应用程序的功能。例如，用户可以设置定时启动磁盘清理或者磁盘碎片整理工具对磁盘进行定时维护，也可以定时启动杀病毒程序，防止计算机被病毒感染，保证系统的安全。只要能在 Windows XP 中正常运行的应用程序，都可以加入任务计划中，从而在未来的某个时刻启动或者周期性启动。

选择菜单【开始】→【所有程序】→【附件】→【系统工具】→【任务计划】，可以打开【任务计划】窗口。

另一种打开任务计划的方法：选择【菜单】→【设置】→【控制面板】，在打开的【控制面板】窗口中单击【任务计划】。如图 2–6 所示。

图中只有一个图标：【添加任务计划】，没有其他已经设置好的任务，下面介绍如何在任务计划中添加任务。

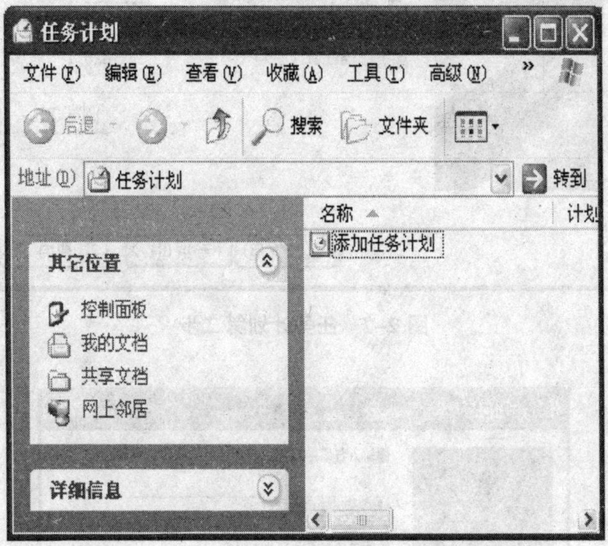

图 2–6　任务计划

添加任务的步骤：

打开任务计划向导：在【任务计划】窗口中（如图 2–6 所示）双击【添加任务计划】图标。

【任务计划向导】第一步的对话框只是向导的说明，在打开的【任务计划向导】的第一步对话框中，单击【下一步】按钮，进入实质设计阶段，如图 2–7 所示窗口。

进入【任务计划向导】第二步：选择应用程序对话框。对话框中列出 Windows XP 系统中安装的应用程序。

单击选择要启动的程序，然后选择【下一步】按钮。如果用户在列表中没有找到需要的应用程序，可以单击【浏览】按钮，在打开的对话框中，查找要启动的应用程序或要打开的文件，选中，然后单击【打开】按钮。

在【任务计划向导】第三步的对话框，用户可以设置任务的名称，并设置任务运行的周期性，如图 2–8 所示。

【每天】可以设置每天任务的启动时间、任务开始日期、每几天或者只在工作日启动(工作日指周一至周五)。

【每周】可以设置任务每几周启动一次、每周的哪几天启动用具体启动时间。

【每月】可选择一年 12 个月哪些月份需要启动该任务，还可以选择每个月的哪一天

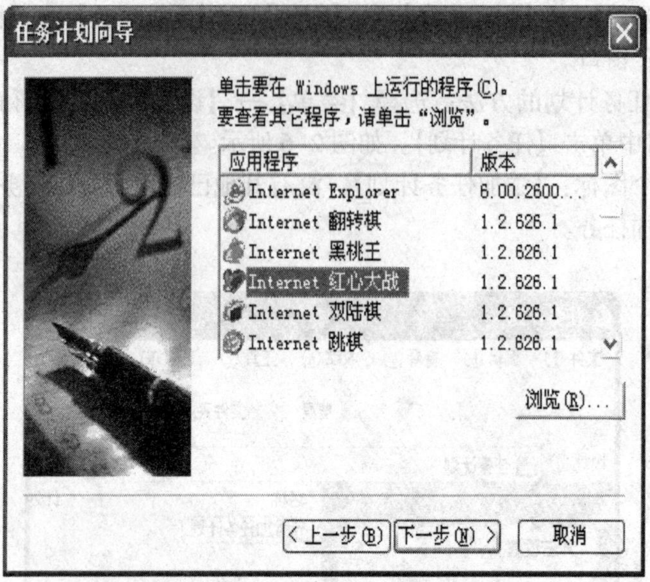

图 2–7　任务计划第二步

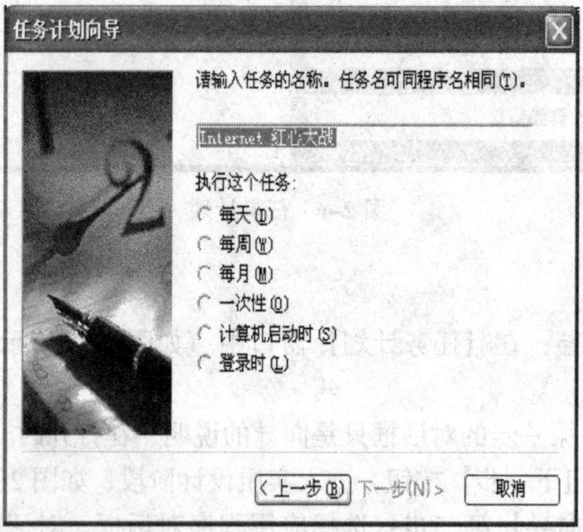

图 2–8　任务计划第三步

启动任务，以及具体启动时间。

【一次性】的任务，可以设置启动日期和启动时间。选择【计算机启动时】或者【登录时】启动的任务，没有可以设置的时间选项，将在每一次计算机启动和用户登录时运行。

【任务计划向导】的第四步，用户需要键入用户账号和密码。这个账号可以和目前登录的账号不同，键入的账号将在运行应用程序时被应用程序使用。即使应用程序被自动启动，计算机上登录的用户对该应用程序没有使用的权限，该应用程序的运行也不会受到影响。

密码要键入两次，为的是防止用户无意中键入了错误的密码。如果两次键入的密码不一样，“下一步”按钮将变无效。密码键入成功后，单击“下一步”按钮。如果键入了两个相同的错误密码，任务计划向导也可以进行下面的步骤，不过到预定的运行时间，应用程序将不能启动。

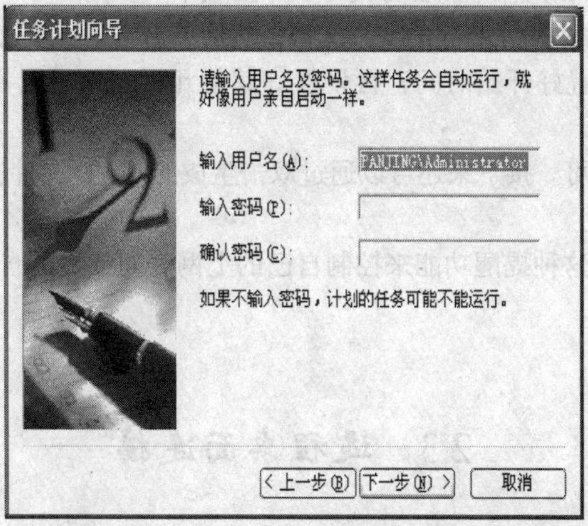

图 2-9　任务计划——设置用户名和密码

【任务计划向导】的第五步，单击“完成”按钮，成功地在“任务计划”窗口中添加了一项任务，“任务计划”窗口中多了一个图标。

注意：完成了添加任务计划后，用户仍然可以修改任务的各种属性。右击任务图标，选择菜单【属性】，可以打开任务“属性”对话框进行修改。

[练习 2-7]　许多计算机病毒都有固定的发作日期，例如，有一种 CIH 病毒在每月 26 日发作，用户可以指定在每月 25 日自动激活某个杀毒程序完成清理工作，从而保证系统不会因此遭到摧毁性打击。

操作步骤如下：

①指定任务：首先，应在已经注册到系统注册表的应用程序列表中选择需要安排的任务，例如选择备份；其次，对于没有注册到注册表中的应用程序，可以点击“浏览”按钮，在磁盘上直接指定所需的杀毒程序，选定后点击“下一步”按钮。

②指定执行频率：进入选择任务执行频率的页面，可以选择每月，选定后点击“下一步”按钮。

③指定执行时间：需要指定启动程序的具体时间为 25 日。

在完成任务计划后，刚刚安排的任务就会显示在“任务计划”系统文件夹中，对于每一个经过安排的任务，在此文件夹中双击任务图标，即可激活其对应的高级属性，如有不满意，可在其中进行修改。

[案例实践 2-3]　我们在玩游戏时，常常忘记了睡觉时间，影响了休息。为了避免这种情况的发生，添加新任务完成每周 1、2、3、4 提示“该休息了，注意身体健康！”

操作步骤如下：

可以在硬盘中新建一个文本文档，在里面写上提示信息，如“该休息了，注意身体健康！”等，并将字体设置得大一点。

然后单击【开始】→【所有程序】→【附件】→【系统工具】→【计划任务】，双击“添加新任务”图标，出现添加新任务向导，单击【下一步】。

单击“浏览”，选中刚才新建的文本文档，然后单击【下一步】，选中【每周】（视自己的情况而定），设置好开始时间，再设置好其他几栏（这里选择的是每周 1、2、3、4）。单击【下一步】。

单击【完成】即可。接下来还可以通过双击生成的 .EXE 文件进行更加高级的设置，比如运行时间等。

当然也可以利用这种提醒功能来控制自己的上网时间或提醒自己不要错过重要的约会等。

2.3 远程桌面连接

使用 Windows XP Professional 上的远程桌面，可以使用另一台计算机来访问运行在用户自己计算机上的 Windows 会话。这意味着用户可以从家里连接到工作计算机，并访问所有应用程序、文件和网络资源，就如正坐在工作计算机前面一样。用户可以让程序运行在工作计算机上，然后当回家时可以在家庭计算机上看见正在运行该程序的工作计算机的桌面。

连接到工作计算机时，远程桌面将自动锁定该计算机，这样任何他人都无法在用户离开时访问应用程序和文件。返回工作计算机后，可以按“Ctrl + Alt + Del”组合键解除锁定。 远程桌面还允许多个用户在一台计算机上拥有活动的会话。这意味着多个用户可以让他们的应用程序保持运行状态，并保留他们的 Windows 会话状态，甚至在其他人登录时依然如此。

使用“快速用户切换”，可以在相同计算机上很容易地从一个用户切换到另一个用户。例如，假设用户在家工作，并且已经登录到办公室的计算机，以更新开支报告。在用户工作的同时，家庭成员需要使用家庭计算机检查重要的电子邮件。用户可以断开远程桌面，允许其他用户登录并查收邮件，然后重新连接到办公室计算机，这时用户看见的开支报告将与刚才的完全一样。“快速用户切换”单独工作在作为工作组成员的计算机上。

远程桌面可以用于实现各种使用场景，包括：

①在家工作。在家里访问在办公室计算机上的进行中的工作，包括对所有本地和远程设备的全部访问能力。

②协作。让用户的同事可以从办公室看到用户的桌面，以便调试某些代码、更新 Microsoft PowerPoint 幻灯片或者校对文档。

③共享控制台。允许多个用户维护在一台计算机上的单独程序和配置会话，例如用

于出纳台或销售台。

要使用远程桌面，需要如下条件：

①能够连接局域网或 Internet 的运行 Windows XP Professional 的计算机（"远程"计算机）。

②能够通过网络连接、调制解调器或者虚拟专用网（VPN）连接访问局域网的第二台计算机（"家庭"计算机）。该计算机必须安装"远程桌面连接"，以前称为"终端服务"的客户端。

③适当的用户账户和权限。在控制面板中单击【系统】，打开"系统属性"对话框，再单击【远程】选项卡，如图 2-10 所示。选中"允许用户远程连接到这台计算机"复选框，还可以按下【选择远程用户】添加可访问该计算机的远程用户名单。

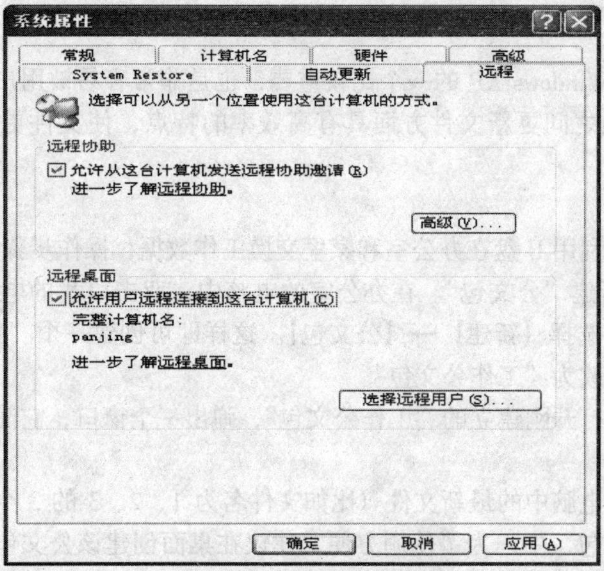

图 2-10　允许使用远程桌面

下面介绍建立远程桌面的操作步骤：

单击【开始】→【所有程序】→【附件】→【通讯】→【远程桌面连接】，就打开了建立"远程桌面连接"对话框。如图 2-11 所示。

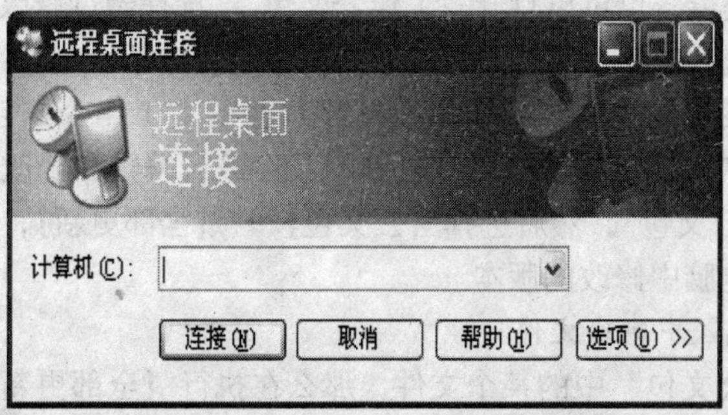

图 2-11　输入要连接的计算机名称

输入要连接的远程计算机后，按下【连接】按钮，如果远程计算机没有登录密码，就直接登录；如果有密码，还需要输入登录密码。此时，就可以直接在本地计算机上操纵远程计算机开始工作了，例如，在本地计算机上的“远程桌面”窗口下打开了远程计算机的“我的电脑”窗口。在远程计算机上的操作就如同在本地一样，仅仅是所有桌面内容都显示在“远程桌面”窗口中，对远程计算机的权限由登录上去的用户权限而决定，如果以管理员身份登录，那么拥有全部的控制权限。

[案例实践 2–4] 请与同组实验同学模拟完成远程桌面连接。

2.4 用“公文包”实现移动办公

“公文包”是 Windows XP 的一个比较重要，也是非常容易被用户忽视的组件，这个组件在电脑与电脑之间更新文件方面具有高效率的特点，使文件更新变得更方便、更快捷。

(1) 操作步骤

比如，我们要利用 U 盘在办公室和家里交换工作数据，操作步骤如下：

①在 U 盘中新建“公文包”。在办公室的电脑中，双击【我的电脑】打开 U 盘，然后在空白处右击，选择【新建】→【公文包】。这样即可创建一个“新建公文包”，如果需要的话，可将其改为“工作公文包”。

②复制文件。打开刚建立的“工作公文包”，弹出一个窗口，它简单介绍了公文包的使用步骤。

首先将办公室电脑中的最新文件（比如文件名为 1、2、3 的 3 个文本文件）拖放到 U 盘的“工作公文包”中。为了使用方便，建议在桌面创建该公文包的快捷方式，这样就不用每次打开 U 盘进行操作了。

③更新文件。接下来，就可以像往常一样对办公室电脑中的文件进行编辑和修改，下班回家前，右击桌面上的【工作公文包】快捷方式，接着选择【全部更新】命令，这样便出现了【更新公文包】的窗口，显示有哪些文件已修改、删除或新添加，确认后按下【确定】按钮进行更新。

为了加快更新速度，也可以打开“工作公文包”，选择做过修改的文件，然后单击工具栏上的【更新所选】按钮，这样只会对所选文件进行更新。

④复制到家里的电脑中。回到家里，打开 U 盘的“工作公文包”，然后将其中的文件复制到任意目录中，接下来就可以对复制的文件进行编辑和修改了。完成后，再次打开 U 盘中的“工作公文包”，然后选择【公文包】→【全部更新】，这样即可将其中的文件更新为在家里的电脑中修改的版本。

(2) 从“公文包”中删除文件

如果删除了“公文包”中的某个文件，那么在执行【全部更新】命令时，同步的原始文件也有可能被删除。避免这一问题出现的方法是将这个文件同原始文件脱离。打开

“公文包”，选中并右击要脱离的文件，选择【属性】，单击【更新状态】标签，单击【脱离原文件】按钮，最后按下【是】按钮即可。这时，如果删除了“公文包”中的这个文件，就不会连电脑中的原始文件也删掉了。

(3) 还原被删除的“公文包”文件

如果不小心删除了“公文包”里的某个文件，我们还可以快速恢复它，方法是：右击【公文包】，选择【全部更新】，在【更新公文包】窗口会发现一个提示需要更新的文件，在红色的【×】（删除）符号上右击，选择【创建】，然后单击【更新】按钮，即可还原删除的文件。

[案例实践 2–5] 在自己的机器上创建公文包并验证其同步性。

2.5 传真服务的使用

传真在现代办公中应用极为广泛，随着电脑的普及，我们可以利用电脑方便地进行传真的收发。

随着宽带网越来越多，Modem 好像变得没有用了，但 Modem 是一个数字信号和模拟信号相互转换的设备，它和传真机的基本工作原理其实都是一样的，只不过传真机比 Modem 多了个“扫描仪”和“打印机”的功能。Windows XP 就为我们提供了非常完善的传真功能，可以让我们的 Modem 摇身一变，成为一台网络传真机。

Windows XP 的传真服务首先要正确安装了调制解调器，并确保调制解调器支持传真功能。由于 Windows XP 的传真功能需要使用调制解调器进行网络定位，因而不能使用 ADSL 和局域网构成的网络收发传真。

2.5.1 安装传真组件

依次单击【开始】→【控制面板】，然后单击【添加或删除程序】。单击【添加/删除 Windows 组件】。在“Windows 组件向导”中，选中【传真服务】复选框，系统会查找带有操作系统安装文件的 \i386 子目录。

当安装了“传真组件”，系统将自动创建一个代表您的本地传真设备的本地传真打印机。单击【开始】→【设置】→【打印机和传真】进入“打印机和传真”窗口，右键单击【Fax】选为【设为默认打印机】，如图 2–12 所示。

2.5.2 传真配置

安装传真组件之后，在默认情况下，计算机上连接的本地传真设备可以发送传真，但不能接收传真。

进入“打印机和传真”窗口，双击【Fax】图标，打开“传真配置向导”对话框（或依次单击【开始】→【所有程序】→【附件】→【通讯】→【传真】→【传真控制台】→【工具】→【配置传真】，进入“传真配置向导”窗口单击“下一步”进入“发信人信息”

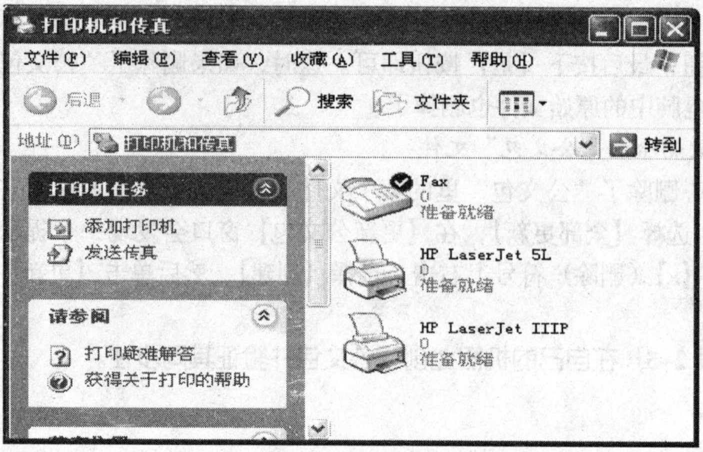

图 2-12 打印机和传真

对话框，如图 2-13。对发信人信息进行相应的设置，如姓名、传真号码、办公电话、地址等内容。发信人姓名和传真号码务必填写，传真号码就是连接 Modem 的电话座机号码。

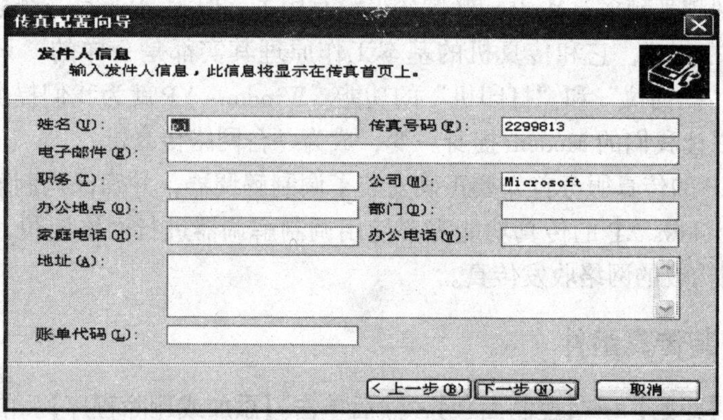

图 2-13 传真配置向导——发件人信息

填写好后单击“下一步”进入“选择传真发送或接收设备”对话框，如图 2-14 所示。在该对话框的【选择传真设备】栏中选择 Modem，勾选下面的【允许发送】、【允许接收】复选框，并根据需要点选下面的应答方式，如果选择“自动应答”，还需要设置好应答前的电话。

设置后，单击下一步，在出现的“TSID” 和“CSID”文本框中输入发送传真文件时显示的电话号码，这样便于对方传真机识别。至此传真属性已经配置成功，单击【下一步】，在“完成传真配置”对话框中单击【完成】即可，如图 2-15 所示。

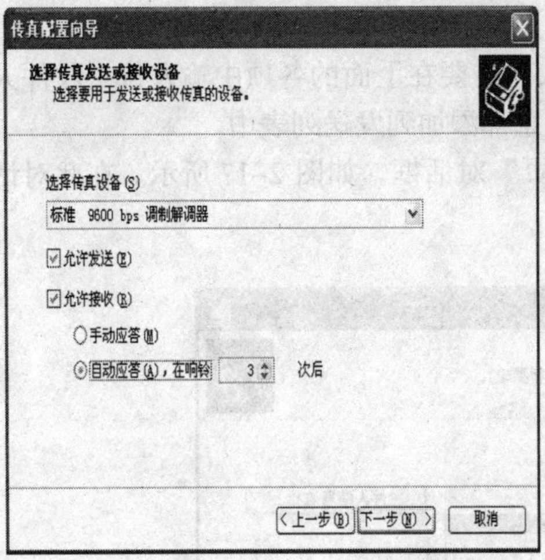

图 2-14　传真配置向导——选择传真发送或接收设备

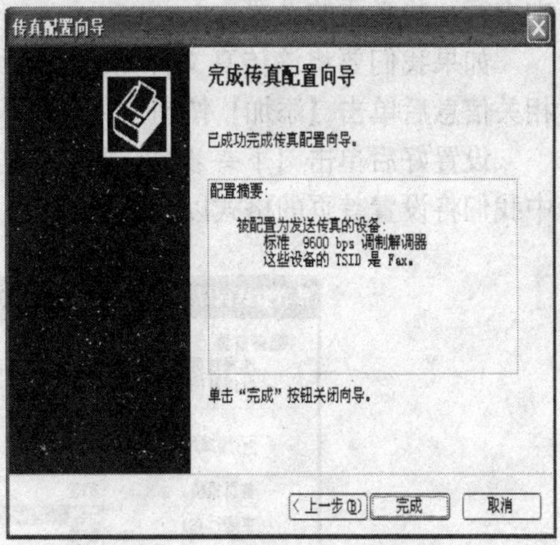

图 2-15　完成传真配置向导

2.5.3　发送传真

用计算机发送传真，可以使用各种文本编辑工具来撰写传真内容。

写好传真内容后单击菜单栏中的【文件】→【打印】命令，在打印设置窗口中的【名称】项中选择"Fax"，单击【确定】。随后弹出"传真发送向导"对话框，如图 2-16 所示。

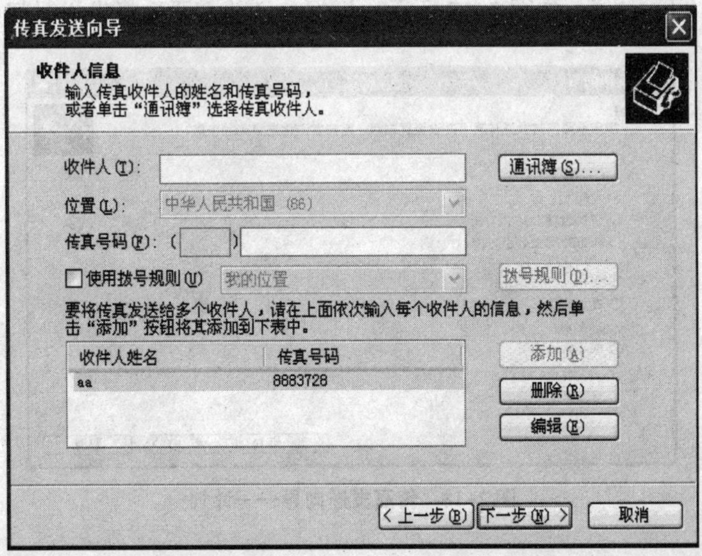

图 2-16　传真发送向导——收件人信息

在此输入收件人姓名，在【位置】项中选择"中华人民共和国 (86)"，在"传真号码"项中输入接收人的传真号码，如果是外地传真机，那么要在传真机号码前加上长途区号。勾选【使用拨号规则】，并单击右侧的【拨号规则】按钮，在"拨号规则"对话框中进行一些必要的设置。

如果我们要将该传真文件同时发送给多人，需要在上面的各项中输入每个收件人的相关信息后单击【添加】按钮，将收件人的信息都添加到发送列表中。

设置好后单击【下一步】，进入“准备首页”对话框，如图 2-17 所示。在此对话框中我们将设置首页的格式以及信息。

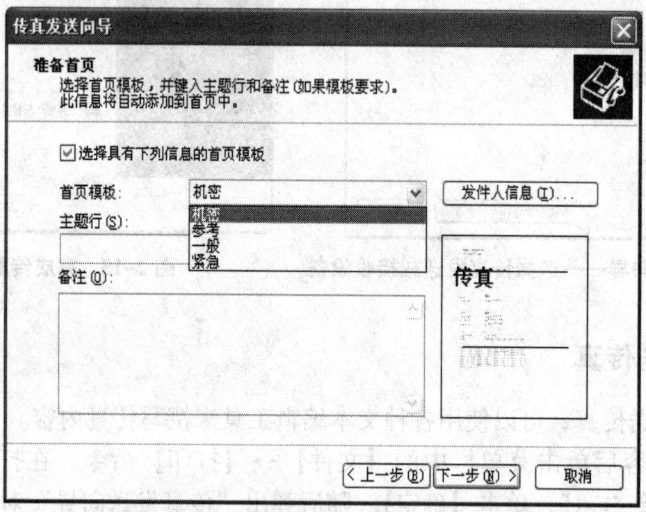

图 2-17 传真配置向导——准备首页

接着单击“下一步”，如图 2-18 所示，根据自己的需要选择发送时间以及优先级。

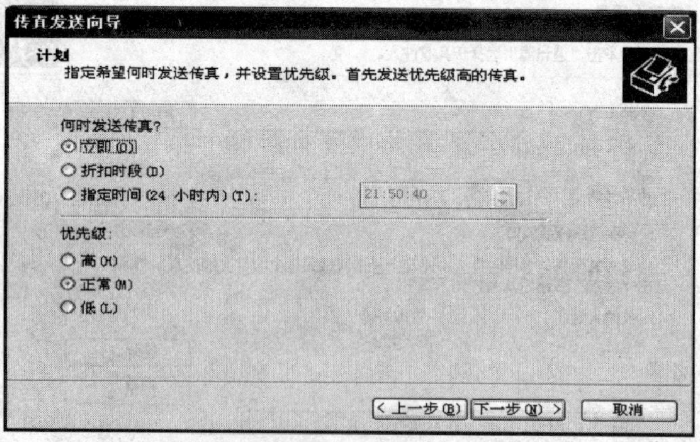

图 2-18 传真发送向导——计划

单击【下一步】，如图 2-19 所示，可以预览一下传真的效果，满意后单击【完成】完成传真发送向导。

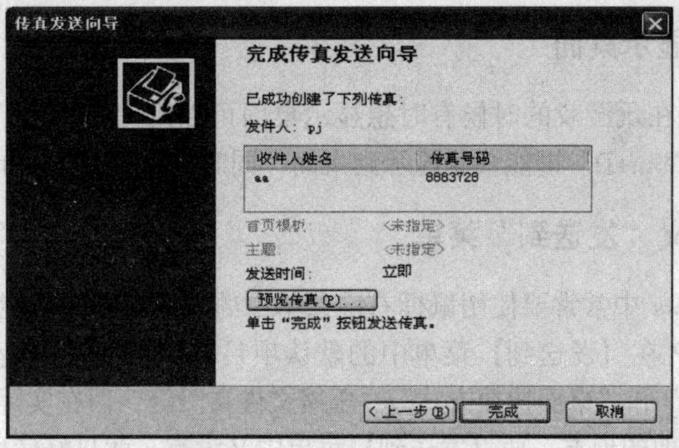

图 2–19　完成传真发送向导

2.5.4　接收传真

Windows XP 同样也为我们准备了接收传真的功能，如果你的电脑处于在线状态，我们只需要在“传真控制台”中，单击【文件】→【立即接收传真】即可接收到你的传真了，在“传真控制台”中（如图 2–20 所示）的“收件箱”便可以阅读到刚刚接收到的传真了，同时系统会将传真文件以图形文件的格式保存在设置好的文件夹中。

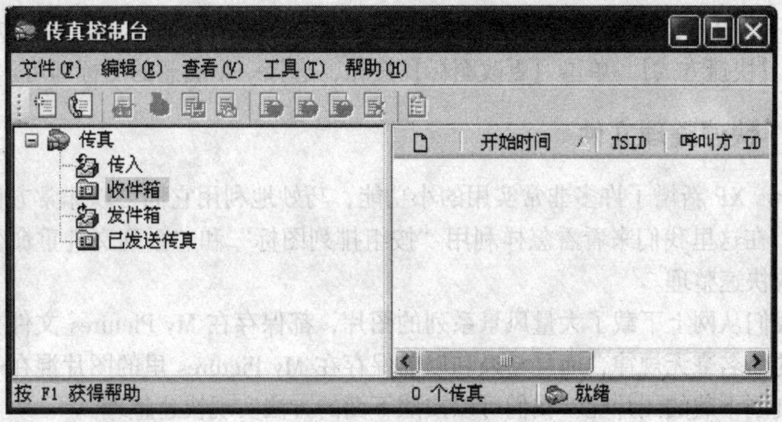

图 2–20　传真控制台

2.6　办公应用常用技巧

利用电脑进行办公处理是最常见的电脑应用之一。使用熟练的话，我们可以用电脑高效地完成各种办公任务。下面，将讲解进行办公应用时的一些实用性技巧。

2.6.1 快速显示桌面

大家都知道，在玩游戏的时候有时想显示桌面可以用“Ctrl+Esc”或“Alt+Esc”键实现，其实，用“Win+D”键能快速显示到桌面，同时也有刷新桌面的功能。

2.6.2 自定义“发送到”菜单

我们在 Windows 中常常要使用鼠标右键菜单中的【发送到】功能来方便进行文件的复制。Windows XP 在【发送到】菜单中的默认项目有“3.5 英寸软盘（A）”、“我的文档”、“邮件接收者”和“桌面快捷方式”、“压缩文件夹”等，但在实际操作中我们经常需要将文件复制到其他的地方，而【发送到】菜单中又没有，就只好使用“复制”、“粘贴”来完成，显得比较烦琐。那么我们能否自己在【发送到】中添加需要的项目呢？答案是肯定的，【发送到】菜单中的内容存在于 C:\Documents and Settings\ 用户名 \ Send To 文件夹中。它是一个隐藏文件夹。我们可以在其中添加快捷方式来添加其他可以发送到的地点。

具体操作如下：在 Send To 文件夹中右键单击，选择【新建】→【快捷方式】命令，出现建立快捷方式窗口，单击【浏览】按钮，选择一个文件夹，然后单击【下一步】按钮，给新建立的文件夹起一个名字就可以了。这个新建立的快捷方式就会出现在【发送到】菜单中。

另外，我们还可以给这个快捷方式换个图标。方法是：右键单击快捷方式，选择【属性】→【快捷方式】，单击【更改图标】按钮，选择一个满意的图标即可。

2.6.3 快速整理文件

Windows XP 新增了许多非常实用的小功能，巧妙地利用它们可以非常方便地完成我们的操作。在这里我们来看看怎样利用“按组排列图标”和“系列文件重命名”实现对多个文件的快速整理。

比如我们从网上下载了大量风景系列的图片，都保存在 My Pictures 文件夹中，由于这些图片的命名毫无规律，而且已经和以前保存在 My Pictures 里的图片混在一起，如何找到我们刚刚下载的图片呢？我们可以按照下面的方法实现快速整理。

打开 My Pictures 文件夹，在【查看】菜单中找到【排列图标】，选择【按组排列】命令，My Pictures 文件夹下的文件已经被分成了好多组，然后再在【查看】菜单下选择【排列图标】，选择【修改时间】。这时，会发现 My Pictures 文件夹下的文件已经按修改时间的先后被分成了好多组，有“今天的”、“昨天的”和“这个月前些时候的”等不同分组，每组之间有一道横线，可以很方便地区分。

选择在“今天的”组里的系列文件，然后单击【文件】→【重命名】命令，将第一个文件重命名为“风景”，则 Windows XP 会自动为系列中的其他文件命名为“风景（1）、风景（2）”等，以此类推。

再次选中刚才的所有文件，然后单击窗口左侧任务栏中的【移动所选项目】，将会弹出“移动项目”窗口，这是一个类似于“资源管理器“的窗口，可以很方便地把所选文件移动到任何文件夹中，也可以新建一个文件夹，只需单击【新建文件夹】按钮即可。

2.6.4 快速锁定计算机

如果要暂时离开电脑，又不希望系统注销，可以双击桌面快捷方式迅速锁定键盘和显示器。方法是：右击桌面，在快捷菜单上选择【新建】→【快捷方式】，启动创建快捷方式向导，在文本框中输入“c:\windows\system32\rundll32.exe user32.dll，LockWorkStation”（注：这里是区分大小写的），然后单击【下一步】，在弹出的窗口中输入快捷方式的名称，最后单击【完成】。以后只要单击桌面上的这个快捷键，就会锁定键盘和显示器，只有输入密码才能解锁。

如果对图标的样式不满意，还可以对快捷方式图标进行修改。右键单击快捷方式，选择【属性】，单击【快捷方式】选项卡，单击【更改图标】按钮，在【在这个文件中查找图标】文本框中输入 Shell32.dll，单击【确定】，再从列表中选择所需图标，并单击【确定】。

2.6.5 在 Windows XP 中实现定时关机

在 Windows XP 中引入了 shutdown 命令行工具，它的作用是“关闭或重新启动本地或远程计算机”。也就是说，我们可以使用 shutdown （其对应文件为 C:\windows\system32 文件夹下的 shutdown.exe）来实现定时关机或局域网远程关机。单击【开始】→【所有程序】→【附件】→【命令提示符】命令，进入 Windows XP 的“命令提示符”下，输入“shutdown”，就会看到中文提示信息，里面列出了所有参数的含义。

shutdown 的命令格式为：

shutdown [–i¦–l¦–s¦–r¦–a][–f][–m \\computername] [–t xx] [–c “comment”] [–d up：xx：yy]，各主要参数的作用分别如下：

–l 注销（不能与选项–m 一起使用）；–s 关闭此计算机；

–r 关闭并重启此计算机；–a 放弃系统关机；

–m \\computername 远程计算机关机/重启/放弃；

–t xx 设置关闭的超时为 xx 秒；

–c “comment” 关闭注释（最大 127 个字符）；

–f 强制运行的应用程序关闭而没有警告；

参数“–t”可以设置定时关机的时间（以秒为单位），这个功能可以让我们离开电脑后某个程序仍继续工作。

比如正在用 3dsmax 进行最后的输出工作，在指定的时间后（如 10 分钟）自动关闭。如果担心离开后的这段时间内别人用自己的电脑，可设置一些文字提示禁止他人使用。相应的命令行格式可以为“shutdown–s–t 600–c 本系统正在进行相当重要的工作，稍后会自动关闭，在等待时间内请勿操作这台机器！–f”。其中，“–s”的意义是关闭本地计算机；“–t 600”（–t 后面必须有空格）指定关机的时间为 10 分钟后；“–c”后的提示文字不能超过 64 个汉字（注意：–c 后面必须有空格）；“–f”则指定到了规定的时间后强行关闭运行中的所有程序。该命令执行后可以看到出现一个正在进行关机倒计时的画面。

如果输入了类似的强行关机命令，但实际上又不想到时关机，怎么办呢？只要输入“shutdown-a”就可以解决问题。

需要提醒注意的是，当我们在使用 shutdown-s-m\\linlin 这样的办法来关闭远程计算机时，往往会得到“拒绝访问”这样的警告。这是因为 shutdown 向“linlin”用户发出关机命令时，采用的是 Guest 权限对“linlin”进行操作，要使得操作有效，我们必须事先进行如下操作：

①在“linlin”用户上单击【开始】→【设置】→【控制面板】→【管理工具】→【计算机管理】→【本地用户和组】→【用户】，启动 Guest 账户，使之有效。

②单击【开始】→【运行】，在对话框中输入“gpedit.msc”，打开“组策略编辑器”。随后在组策略窗口的左窗格中打开【计算机配置】→【Windows 设置】→【安全设置】→【本地策略】→【用户权利指派】，找到【从远端强制关机（Force Shutdown from a remote system)】，右键选择【属性】，如图 2-21 所示，可以看到默认只有“Administrators”组的成员才有权从远程关机；单击对话框下方的【添加用户或组】按钮，弹出的对话框，如图 2-22 所示。在该对话框中输入“Guest”，点击确定。以后即使使用 Guest 登陆，也可以对计算机进行远程操作。

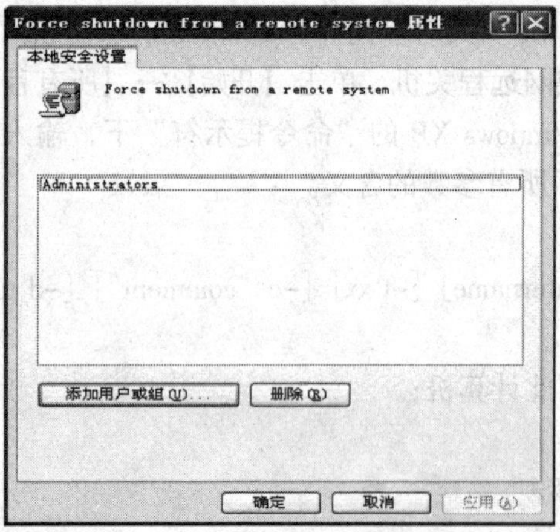

图 2-21 从远程系统强制关机

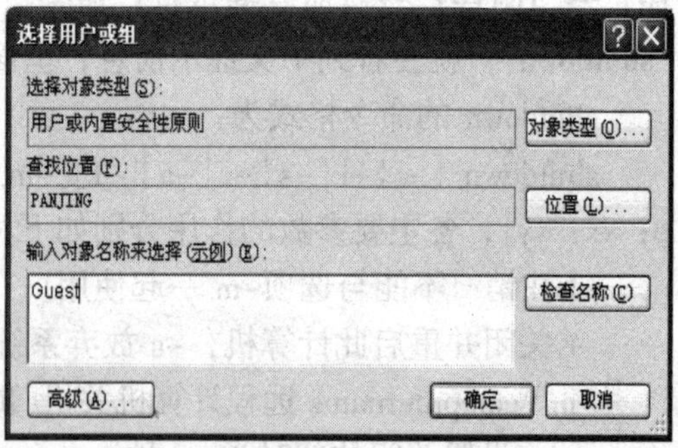

图 2-22 选择允许操作的用户

注：以上功能应在控制面板的“管理工具”中打开“Messenger”信使服务后才可以使用。

2.6.6 一键访问网站

如果每天都要访问某个网站，比如说每天都要访问公司的网站，频繁输入地址有点麻烦，即使使用“收藏夹”，也还不算快捷。如果只用一个键或组合键就能进入该网站，那就方便多了，比如按下 Ctrl+Alt+A 就会自动连接 http://www.bjgjj.gov.cn。具体的实现方法如下：

单击 IE 工具栏的【收藏夹】按钮，在弹出的右侧窗格列表中鼠标右击要设定快速键的网站名称，接着选择【属性】，如图 2-23 所示，在【Web 页】选项卡中可以看到有个

【快捷键】的项，将鼠标定位到后面的框中，然后按下要设置的按键，这里以 A 做例子。键入 A（大、小写都可以），按【确定】按钮即可。

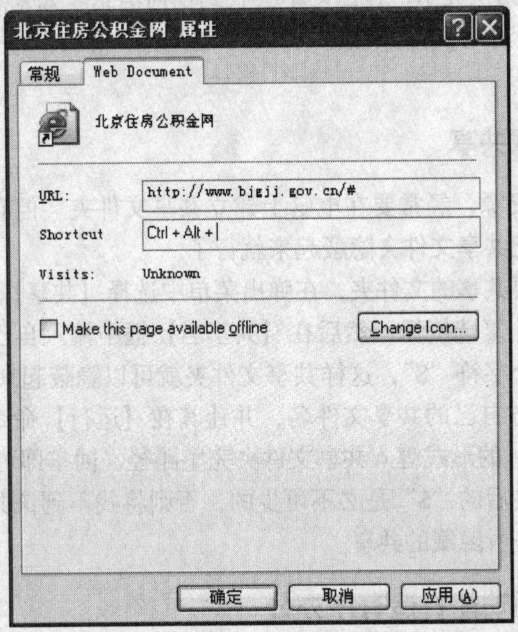

图 2-23 设置一键访问网站

现在只要同时按下 Ctrl+Alt+A，IE 就会自动连到 http://www.bjgjj.gov.cn 了。如果想用一键到达，那么可以选择小键盘上的键或 F1~F12 键。

2.6.7 局域网里发消息和局域网中拒收消息

(1) 局域网里发消息

在 Windows XP 中集成了 net 命令，利用它也可以很方便地和同事交流聊天。比如想给局域网中名为 AAA 的计算机发消息，就可以单击【开始→运行】，在对话框中输入"net send AAA 你还好吗?"回车后对方即可收到消息。没有局域网也可以试试，只要在系统中安装了网卡，就可以发一条消息给自己，比如发送"有了 net 命令，还要 QQ 干什么?"一会儿就能收到这条消息了。

很多计算机都有共享内容，如果有同事正在访问自己的共享文件，此时突然关机，很可能会造成对方数据丢失，所以在关机前最好对所有的连接用户通告一声。如何通告呢，在【运行】对话框中键入：net send/user 本机五分钟后就要关闭了！这样所有连接到这台计算机的用户就会收到该消息了。

另外还可以使用群发功能：比如在【运行】栏里键入"net send * 下午下班前到我那领奖金!"就可以群发给所有组内的成员了，此功能特别适合部门领导使用。

(2) 局域网中拒收消息

由于使用 net 命令发送的消息都是弹出式窗口，一般情况下无法拒绝接收，不过也有办法，如果不想接收发送来的消息，可以在【运行】文本框中输入：net stop messenger，这样别人在给自己发送消息的时候，就会收到“发送消息到 ××时出错。网络上找不到此消息别名。”的错误提示，自己则不会收到任何消息。如果想继续接收消息，只要重启电脑，或在【运行】文本框中输入：net start messenger，等大约几秒钟后就可以接收消息了。

2.6.8 建立隐藏共享

为了与同事共享资源，经常要在电脑上建立共享文件夹。但有时又不想让无关人员访问，该怎么办呢？把共享文件夹隐蔽起来就行了。

首先选中并右击要共享的文件夹，在弹出菜单中选择【共享】。在弹出的【共享】选项卡中选择【共享为】复选按钮，然后在【共享名】框中输入自己喜欢的名字，并在该名字的最后面加上一个字符“$”，这样共享文件夹就可以隐蔽起来了。将共享文件夹隐藏起来以后，通知对方自己的共享文件名，并让其在【运行】命令行中以“\\计算机名称\共享文件夹名称$”的形式键入共享文件夹完整路径，回车即可访问。

注意：共享文件夹后的“$”是必不可少的，否则将找不到该共享的文件夹。在本机的网络邻居里也可以查看隐藏的共享。

2.6.9 巧用日期功能打造有序办公

将每天的工作井井有条地保存在按日期命名的文件夹中，这样可以有效地完成所有工作的管理，并且可以快速完成特定工作事件的查询。比方说，我们把在 2005 年 4 月 11 日星期一撰写的工作日志就放在“2005 年 4 月 11 日星期一”这个文件夹中，那么在查询时就比将这个日志存放在“2005 年”这个文件夹中要方便得多。这种办公中按日期方式进行的管理操作实现起来很简单，让我们实现每天自动在 E:\data 创建文件夹的操作。

打开记事本，输入以下两条命令：@echo off 和 md e:\data\" %date%，保存文件名为“data”，并将文件的后缀名改为“.bat”（即文件的完整文件名是“data.bat”）。

在【运行】对话框中输入“gpedit.msc”命令并按 Enter 键，打开“组策略”窗口，依次展开进入到【用户配置】→【Windows 设置】→【脚本】项，然后双击右侧的【登录】项。在弹出的窗口中，单击【添加】按钮，在【脚本名】框中输入“E:\data\data.bat”。

这样一来，每天一开机后，就可以自动在 E:\data 文件夹下创建以每天日期命名的子文件夹了，如“星期一 2004-04-11”或“2005-04-11”。日期格式取决于【控制面板】→【区域和语言选项】→【区域】标签页中的【自定义】窗口中 【日期】标签页的【短日期格式】。

2.6.10 批量打印

（1）批量文档的快速打印

如果需要快速打印多份文档，如批量快速打印 Word 文档，那么可使用如下方法

（需要 Ctrl 和 Shift 两个键来帮忙）：

将所有需要打印的文件复制到同一文件夹中，然后使用 Ctrl 键（跳跃式单击批量选择）或 Shift 键（按序批量选择）将所需打印的文件选中，接着，在选中的任意文件上单击鼠标右键，在弹出的快捷菜单中选择【打印】命令。随后，系统将自动以“调用 Word→打印文件→关闭 Word”的方式处理每个文件，如此重复，直至所有文件打印完毕。

（2）快速输出办公文件列表

在办公应用中，往往需要将一年或一个月的文件全部打印出来，以便档案室存档。这个时候，一时半会儿并不能将所有文件打印完毕。但是，第二天再打印的话，查找未打印的文件又很麻烦，那么怎样解决这个问题呢？下面，就提供一个方法供参考！

首先，在存储文件夹的空白处单击鼠标右键，然后依次单击【排列图标】→【名称】菜单项，这样就可以将所有文件按名称进行排序，其好处是可以将首位字（或字母）相同的文件排在一起，便于查找。

其次，可以使用 Dir 命令将所有文件名按升序顺序输出到文本文件。先来介绍一下即将使用的命令格式：

dir. 文件路径和文件名/O 分类标识 >list.txt

其中的“文件路径和文件名”可以用通配符来灵活筛选想要的一类文件；“分类标识”有如下类型：N——按名称（字母顺序）、S——按大小（从小到大）、E——按扩展名（字母顺序）、D——按日期/时间（从早到晚）、G——文件夹优先；后面的“>list.txt”表示把生成的列表输出到一个文本文件 list.txt 中。

在命令行键入“cmd”命令，可以查看所有 dos 下可执行的命令及它们的参数情况。

[练习 2-8] 假设，现在需要提取 D 盘分区中所有文件和文件夹的名称。

方法：在“命令提示符”窗口中，使用 cd 命令进入 D 盘后，再输入“dir. /b > list. txt”命令并按 Enter 键。就可以在 D 盘的根目录下找到一个 list.txt 文件，其中的内容甚至还包括了自己的文件名称。上述命令中，参数“/b”表示使用没有标题信息或摘要的方式显示文件列表。

完成了文件名列表文件的制作后，再将此文件打印出来。这样一来，每打印一份文件后，就在打印出的列表上勾选一下，这样就方便多了。

2.7 实践内容

2.7.1 案例实践

[案例实践 2-1] 更改开始菜单的样式，将画图添加到开始菜单中，并将其移至菜单顶部（画图文件位置 c:\windows\system32\mspaint.exe）。

[案例实践 2-2] 将自己最近最常用的文件夹添加到任务栏，并将常用的可执行文件加入快速启动工具栏中。

[案例实践 2-3] 我们在玩游戏时，常常忘记了睡觉时间，影响了休息。为了避免这种情况的发生，添加新任务完成每周 1、2、3、4 提示“该休息了，注意身体健康!”

[案例实践 2-4] 请与同组实验同学模拟完成远程桌面连接。

[案例实践 2-5] 在自己的机器上创建公文包并验证其同步性。

2.7.2 案例练习

[练习 2-1] 管理员希望所有用户的“开始”菜单上都列有“写字板”。

[练习 2-2] 隐藏任务栏。

[练习 2-3] 在通知区中显示音量控制图标。

[练习 2-4] 将“桌面”添加至任务栏。

[练习 2-5] 将“我的文档”添加至任务栏。

[练习 2-6] 打开资源管理器或我的电脑，将画图程序添至快速启动工具栏。

[练习 2-7] 许多计算机病毒都有固定的发作日期，例如有一种 CIH 病毒在每月 26 日发作，用户可以指定在每月 25 日自动激活某个杀毒程序完成清理工作，从而保证系统不会因此遭到摧毁性打击。

[练习 2-8] 假设，现在需要提取 D 盘分区中所有文件和文件夹的名称。

第 3 章　简历编写

本章通过学习自我简历的编写，掌握 Windows 系列操作系统下设置方便易用的多语言输入环境、在微软 Word 环境中多种文字的录入；熟悉 Word 环境中的中、英文常用字体，能够熟练进行字体、字号的设定；初步学习文档标准化排版中的项目符号和编号的使用；掌握图片的插入、各项设置以及多种文档的混排方式设定等。

3.1　案例背景

简历的作用是向别人介绍自己，目的是让别人认识到自己的优点、特长和价值，适用于找工作、申请学校或进一步深造等需要推销自己的场合。

在 Word 系统中通常自带简历模板和简历向导，简历模板有表格型、典雅型、专业型、现代型几种形式，简历向导可以使同学们有限度地突出个人特色。同学们可以通过选择菜单：【文件】→【新建】→【其他文档】进入。

但是，一个打算引起别人注意的简历不应该让人感觉似曾相识，主要解决方法就是要尽可能突出个人特色。体现在简历制作上，就应该适当变换文档的字体、字号，增加图形、图片点缀。

本案例的制作要求使用 Microsoft Office 软件中的 Word 系列软件，范例的制作基于 Word 2003。

3.2　设置输入语言环境

Windows 系列中文操作系统中，集成了微软拼音输入法、智能 ABC 输入法和全拼输入法等中文输入方式。第三方软件提供商还出品了中文之星智能狂拼、清华紫光汉字录入软件等。这些第三方软件，更符合中国人汉字录入习惯，使用安装都极为方便。本节将主要分别介绍以上几种汉字录入方式。

3.2.1　键盘设定

通常，中、英文输入状态的转换可以通过键盘【Ctrl+空格】切换，或者用鼠标左键单击视窗右下角状态栏的输入法图标，在弹出式菜单中找打算设定的输入法。

（1）计算机启动时的默认键盘

计算机启动时的默认键盘是可以根据需要设置的。具体做法是：鼠标右键点击视窗右下角输入法图标，在弹出式菜单中选择【设置(E)...】，将弹出【文字服务和输入语言】窗口，该窗口中有一个标签，名为【设置】。在【设置】标签的上部，有个下拉式列表框，其中提供了当前计算机中安装的各种输入法或键盘设置，如果选中其中的一个，则被选中的输入法或键盘设置将作为计算机启动时默认的输入语言设置，下面举例说明。通常，【文字服务和输入语言】窗口中默认输入语言设置为【Chinese（PRC）—简体中文—美式键盘】，这意味着每当计算机启动或需要使用录入功能的时候，系统会自动调用简体中文的美式键盘作为默认输入法和键盘。

[练习 3–1] 把【Chinese （PRC） 微软输入法 3.0 版】设置为计算机启动时的默认输入方式。

方法：打开【文字服务和输入语言】窗口，在弹出式列表框中选中【Chinese (PRC) 微软输入法 3.0 版】，点击窗口右下角的【应用/Apply】、然后点击【确定/Ok】退出该设置窗口，在下次 Windows 启动的时候，Chinese（PRC）微软输入法 3.0 版将作为默认的输入法，出现在 Windows 窗口右下角的输入法图标上。

（2）多国语言输入设置

【文字服务和输入语言】窗口【设置】标签的中部区域是【已安装的服务】，用户可以通过其右侧【添加】、【删除】、【属性】按钮来修改列表中的内容。在日常工作或学习环境中，可能会遇到需要输入多国语言的情况，这时通常设置的美式键盘就显得力不从心了。例如，德语、俄语、法语包含一些 26 个英文字母以外的字母，如德语中的 ß、ö、ä、ü 等，这种情况下，我们可以通过添加新的输入语言方式，找到这些特殊的字母。

[练习 3–2] 在系统中添加德语键盘，找到这些德语字母ß、ö、ä、ü、Ü、Ö、Ä，并把它们输入到 Word 文档中。写出德语键盘与标准键盘的对照表。

方法：打开【文字服务和输入语言】窗口，点击【添加】按钮，弹出【添加输入语言】对话框，在【输入语言】下拉式列表框中选中【German（Germany)】，【键盘布局/输入法】中会自动调节为【德文（IBM)】，点击【确定】关闭【添加输入语言】对话框，回到【文字服务和输入语言】窗口，点击窗口右下角的【应用/Apply】，就添加完成了。新建一个 Word，在键盘上找 ß、ö、ä、ü、Ü、Ö、Ä 吧，体会一下【德文（IBM)】键盘与美式键盘按键排列有什么不同。

删除一个输入法或键盘设置很容易，只要在【已安装服务】列表框中选择将删除的输入法或键盘，点击【删除】按钮，再按【应用/Apply】就可以了。

（3）设置输入法快捷切换

如果比较偏爱某种输入法，可以设置快捷键。具体做法是：在【文字服务和输入语言】窗口【设置】标签的下部【首选项】区域有两个按钮，点击其中之一【键设置(K)...】，进入【高级键设置】对话框，在这一窗口就可以为计算机当前的所有输入法设置快捷键。

［练习 3-3］请为【切换至 Chinese （PRC）-中文（简体）-智能 ABC】设置快捷切换方式：按 Ctrl+Shift+1。

方法：鼠标右键点击视窗右下角输入法图标，在弹出式菜单中选择【设置（E）…】，在弹出的【文字服务和输入语言】窗口的【设置】标签里，点击【键设置（K)...】，在【高级键设置】对话框中的【输入语言的热键】列表框中找到【切换至 Chinese(PRC)-中文(简体)-智能 ABC】并用鼠标选择成为高亮显示，点击【更改按键顺序】按钮，进入【更改按键顺序】对话框，选择【启用按键顺序】复选框，点击【CTRL（C)】单选按钮，并在【键（K)】后的下拉式列表框中选择数字【1】，点击【确定】离开【更改按键顺序】对话框，返回【高级键设置】对话框，这时，在【切换至 Chinese（PRC）- 中文(简体)-智能 ABC】后面的按键顺序处出现【Ctrl+Shift+1】，在【高级键设置】对话框中点击【确定】离开，点击【确定/Ok】关闭【文字服务和输入语言】窗口。这时，所设置的快捷切换方式已经可以使用了。

3.2.2 计算机的字符编码

计算机中，对非数值的文字和其他符号处理时，要对文字和符号进行数字化处理，即用二进制编码来表示文字和符号。字符编码就是规定用二进制数表示文字和符号的方法。

（1）ASCII 码

ASCII 码是当前使用最为普遍的编码，它是美国标准信息交换码，已被国际标准化组织确定为世界通用的国际标准。ASCII 码有 7 位版本和 8 位版本两种。

7 位 ASCII 码是用 7 位二进制数表示字符的一种编码。它表示数的范围为 0~127，最多可以表示 128 种字符，其中 0~31 为控制代码，32~127 为可显示字符，微机中实际使用的是最高位值为 0 的 8 位二进制数和编码。

8 位 ASCII 码就是使用 8 位二进制数进行编码。当最高位值为 0 时，称为基本 ASCII 码（编码同 7 位 ASCII 码）；当最高位值为 1 时，形成扩充 ASCII 码，它表示数的范围为 128~255，可表示 128 种字符。各国都把扩充 ASCII 码作为自己国家的语言字符和代码。

（2）汉字编码

我国在使用计算机进行信息处理中一般都要使用到汉字，这就必须解决汉字的输入、输出以及汉字处理的许多问题。其根本就在于解决汉字的编码问题。

- 《信息交换用汉字编码字符集——基本集》GB2312-80

《信息交换用汉字编码字符集——基本集》（GB2312-80）是我国在 1981 年颁布的国家标准代号，也称为汉字国际码，是国家规定的汉字信息处理时使用的代码的依据。在该标准字符集中规定了 6763 个汉字和 682 个非汉字图形字符的代码。6763 个汉字按其使用频率和用途大小，又可分为一级常用字 3755 个和二级次常用字 3008 个。其中一级汉字按拼音字母顺序排列，二级汉字按部首顺序排列。

GB2312-80 将所集中的汉字和图形符号组成一个 94×94 的方阵。在此正方形的矩阵中，每一行称为“区”，每一列称为“位”。这样就组成了一个 94 个区，每一区有 94 个位的字符集。从这个字符集矩阵表中，引出表示汉字位值的两种编码：一种称为区位码，另一种称为国际码。这两种码都是由两个字节组成，高位字节表示的是“区”的代码；低位字节表示的是“位”的代码。

区位码就是用十进制数表示一个汉字或图形符号在字符集中的位置，如“国”的区码是25，位码是90，则“国”的区位码就是2590。整个字符集的区位码范围是0101~9494。

国际码是GB2312-80所规定的汉字代码标准，通常用十六进制表示。国际码是把区码和位码变为十六进制数后，再分别加上20H后合并而成。如“国”的区码为25，对应的十六进制码是19H，而位码是90，对应的十六进制码是5AH，分别加上20H后，合并就得到“国”的国际码397AH。

• 汉字编码体系

利用计算机进行汉字处理时，关键是如何将汉字用二进制代码来表示。当前汉字代码种类很多，用途各异，在计算机系统中，不同部位使用不同的汉字代码。在输入汉字时采用的是输入码（外码），在计算机内部对汉字进行处理和存储时采用的是机内码，汉字输出时采用的是字模码，等等。这些汉字编码的集合统称为汉字编码体系。

汉字的输入码、机内码和字模码各不相同，而单纯的英文系统中各种编码是相同的，都采用单一的ASCII码。

①汉字的输入码：即为了将汉字输入计算机而编制的代码。它是代表某一汉字的一级键盘符。汉字输入编码方案很多，综合起来可分为流水码、拼音类输入码、拼形类输入码和音形结合类输入码几大类。

②汉字的机内码：即国际码在计算机内存储时的编码。目前广泛使用的是将国际码的两个字节的高位值“1”，形成两个8位字节表示一个汉字的机内码，即一个汉字占两个字节，每个字节为8位二进制数，两个字节的高位值为“1”。

“机内码”和“国际码”的区别在于：机内码两个字节的最高位均为“1”，而国际码实则为两个7位二进制的编码。

③汉字的字模码：是有关汉字字形的编码，用于汉字的显示和打印，大多用数字式，即点阵式形成汉字。常见的有16×16点阵、24×24点阵、48×48点阵和64×64点阵几种。

3.2.3 汉字输入

从计算机开始进入中国之日起，中国人一直面临着如何将汉字输入计算机、如何让汉字在计算机上显示的问题。从1983年王辑志通过计算机打印出第一行汉字“冶金部自动化所”，到目前通过存储器出现在各种场合的汉字，如计算机、手机屏幕上、打印机上的汉字等，都无一例外地以图形点阵方式存在着。

各种输入法就是寻求汉字的点阵与计算机键盘上字母的某种对应关系，通过对应关系把存储在字库中的汉字调用出来。由于新中国成立后推广的汉语拼音具有较大的群众基础，大部分软件厂商选择出品汉语拼音与汉字字库对应的输入法，这就是目前广为使用的各种汉语拼音输入法，如微软拼音输入法、智能ABC输入法、全拼输入法等；又由于汉字读音与汉字写法无固定联系，汉字录入人员未见得认识所有要输入的字（用拼音输入法，不知读音，无法输入），而且很多地区普通话程度不够高，导致用拼音输入法产生一定困难，应运而生的是笔画输入法，其中以五笔字型输入法运用最为广泛。

同时，由于汉字在计算机中是以字库、字模形式存在，直接定位字模所在位置也可以把汉字调用出来，因此而产生区位输入法。

操作系统的发行包中通常会包含多种汉字输入法，如微软 Windows XP 中包括微软拼音输入法、智能 ABC 输入法、全拼输入法、王码五笔字型输入法等。另外，第三方软件厂商也会提供一些具有特色的输入法软件，如模糊音输入法、外接手写板的手写输入法等。以下主要介绍拼音、五笔字型、区位三类输入法。

(1) 拼音输入法

拼音输入法是目前使用较为广泛的输入法，其输入前提是输入者要认识所有待输入的汉字，并且发音准确。以下简单介绍几种：

①智能 ABC 输入法。智能 ABC 输入法是微软 Windows 系列操作系统从 3.1 版本开始一直内置的输入法。这一输入法推广时间较长，有广泛的群众基础。

优点：能够进行智能联想，对于经常使用的词汇，可以仅通过输入声母的方式输入汉字，击键次数相对较少，出错的机会不多。

缺点：每输入一个词汇都需要矫正。

②全拼输入法。全拼输入法也是微软公司 Windows 系列操作系统一直内置的输入法。

优点：能够对字库进行详细的搜索，对于比较生僻的汉字较为适用。例如，【珣】字，用【全拼】和【微软拼音输入法】可以找到，用【智能 ABC 输入法】就无法找到。

缺点：需要输入全部汉语拼音的拼写，击键次数多，出错的机会相对较多，而且需要逐字查找，不能联想。

③微软拼音输入法。微软拼音输入法是内置在 Windows XP 操作系统发行包中的输入法。在安装微软的 Office2003、Office2007 之后，系统会将微软拼音输入法更新到 2003 或 2007 的版本。这一版本的输入法基本包容了智能 ABC、全拼输入法的全部优点，同时进一步扩展了功能。

更新之后的微软拼音输入法优点明显，一方面，能够接收用户全拼输入的汉语拼音，进行智能联想，令使用者可以输入整个语句，由计算机自动寻找合适的词汇，使用者可以在每个语句输入后进行矫正；另一方面，还支持简拼方式，即用户只需输入汉语拼音的声母，高版本的微软拼音输入法同样可以找到对应词汇。

更新到 2003 以上版本的微软拼音输入法有取代智能 ABC 和全拼输入的趋势。

④中文之星智能狂拼。中文之星是中国早期汉字输入法之一，尤其在没有中文操作系统的时代，曾经更是红极一时。随着操作系统内置中文输入法后，才渐渐退居次要地位。长期以来，中文之星输入法培养了较大的客户群，加之中文之星输入法不断推陈出新，使之在竞争如此激烈的软件市场中仍占有一席之地。

目前，中文之星的智能狂拼版本是由中文之星数码科技有限公司推出的基于 CLM（中文语言模型）技术的整句输入法。该产品与市场上的传统输入法相比，最大的特点是能够实现整句输入，输入的平均准确率能达到 95%左右，改变了以往只能以字、词为单位的输入方式。用户不用再为不时停顿选词而烦恼。试用版本中除了包括狂拼输入法以外，还包括了中文之星手写输入法、五笔字型输入法、四种文鼎中文字体、中文之星英汉双向字典和简体/繁体文本转换工具。

⑤紫光拼音输入法。紫光拼音输入法是一个完全面向用户的，基于汉语拼音的中文字、词及短语输入法。它是完全免费的。紫光拼音输入法的前身是李国华设计的考拉拼音输入法，紫光拼音输入法 2.0 版在考拉输入法 1.1 版的基础上，增加了智能组词、智能字序调整、词库管理、增强的用户定制等功能。

在紫光拼音输入法中，可以使用全拼方式输入。全拼方式输入指在输入拼音时键入字词的全部拼音。全拼输入时，如果是词输入，部分字词需要手工进行音节切分。紫光拼音输入法支持不完整的拼音（简拼）输入，即在输入中可以省略字词的韵母部分。例如，输入【中国】时，可以省略【中】字和【国】字的韵母，输入拼音【zh′g】。直接敲空格键就得到【中国】两个字了。

全拼词输入时，两个或多个字的拼音之间需要切分每个字的音节，每个字音节之间使用英文单引号格开。

紫光拼音输入法会自动切分各个字的音节，并在大部分情况下是正确的。对于有多重含义而无法切分的音节，需要手工切分，这时需要键入英文单引号以切分音节。例如，输入“西安”时，需要键入【xi′an】。

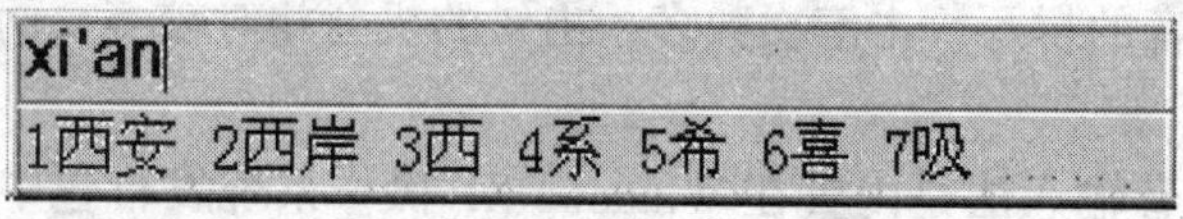

其中单引号需要输入，否则输入法将理解为您可能要输入“现”。

在连续输入多个字的拼音时，输入法将提示词和字信息。如果没有对应的词，您可以逐个选择字（或词），输入法将根据您的选择自动造词；在下一次输入时，输入法将能找到该词。

在选择字词过程中，可以使用退格键退回一个选择。

此外，紫光拼音输入法具有智能组词功能，如果您选用了此设置，输入法可以帮您组合一个词库中没有找到的词，如果不是您所需要的，您可以再逐个选择。

（2）五笔字型输入法

五笔字型码是一种形码，它是按照汉字的字形（笔画、部首）进行编码的，五笔字型输入法广泛用于专业的出版录入行业，其特点是输入快，对输入者文化水平和普通话水平要求不高，可以做到所见即所得——看到什么文字，能够输入什么文字。

①五笔字型原理。一般从书写形态上认为汉字的笔形有：点、横、竖、撇、捺、挑（提）、钩、（左右）折八种。在五笔字型方法中，把汉字的笔画只归结为横、竖、撇、捺（点）、折五种。把“点”归结为“捺”类，是因为两者运笔方向基本一致；把挑（提）归结于“横”类；除竖能代替左钩以外，其他带转折的笔画都归结为“折”类。

在书写汉字时，应该按照如下规则：先左后右，先上后下，先横后竖，先撇后捺，先内后外，先中间后两边，先进门后关门等。

在五笔字型编码输入方案中，选取了大约 130 个部件作为组字的基本单元，并把这些部件称为基本字根。众多的汉字全部由它们组合而成。如明字由日月组成，吕字是由两个口组成；在这些基本字根中有些字根本身就是一个完整的汉字，例如，日、月、人、火、手等。

基本字根按一定的方式组成汉字，在组字时这些字根之间的位置关系就是汉字的部位结构。

单体结构：由基本字根独立组成的汉字，例如，目、日、口、田、山等。

左右结构：左右结构的字由左右两部分或左中右三部分构成，例如，朋、引、彻、喉等。

上下结构：上下结构的字由上下两部分或自上往下几部分构成，例如，吕、旦、党、意等。

内外结构：汉字由内外部分构成，例如，国、向、句、匠、达、库、厕、问等。

在五笔字型输入法中，为获取字型信息，把汉字信息分成三类：

1 型：左右部位结构的汉字，例如，肚、拥、咽、枫等。虽然“枫”的右边是两个基本字根按内外型组合成的，但整字仍属于左右型。

2 型：部位结构是上下型的字，例如，字、节、看、意、想、花等。

3 型：称为杂合型。包括部位结构的单字和内外型的汉字，即没有明显的上下和左右结构的汉字。

在向计算机输入汉字时，只靠告诉计算机该字是由哪几个字根组成的，往往还不够，例如，“叭”和“只”字，都是由“口”和“八”两个字根组成的，为了区别究竟是哪一个字还必须把字型信息告诉计算机。

②五笔字型编码。使用五笔字型输入法需要熟记五笔字型编码中的字根分布及基本口诀。

对选出的 130 多种基本字根，按照其起笔笔画，分成五个区。以横起笔的为第一区，以竖起笔的为第二区，以撇起笔的为第三区，以捺（点）起笔的为第四区，以折起笔的为第五区。如图 3-1 所示。

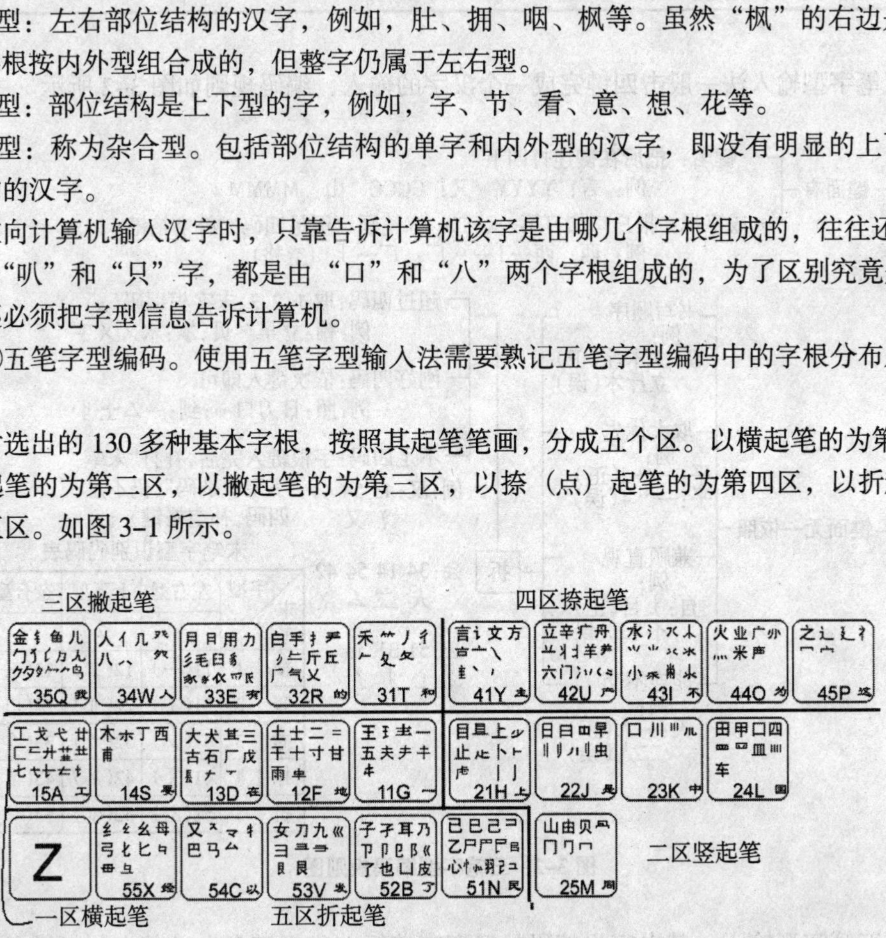

图 3-1　五笔字型字根排列总图

表 3-1　五笔字型编码各区口诀表

一区口诀： 11G 王旁青头戋五一 12F 土士二干十寸雨 13D 大犬三（羊）古石厂（“羊”指羊字底） 14S 木丁西 15A 工戈草头右框七（“右框”即“匚”）	二区口诀： 21H 目具上止卜虎皮（“具”指具字的上部） 22J 日早两竖与虫依 23K 口与川，字根稀 24L 田甲方框四车力（“方框”即“口”） 25M 山由贝，下框几
三区口诀： 31T 禾竹一撇双人立，反文条头共三一（“条头”即“夂”） 32R 白手看头三二斤 33E 月彡（衫）乃用家衣底 34W 人和八，三四里 35Q 金勺缺点无尾鱼，犬旁留叉儿一点夕，氏无七（妻）	四区口诀： 41Y 言文方广在四一，高头一捺谁人去 42U 立辛两点六门病（疒） 43I 水旁兴头小倒立 44O 火业头，四点米 45P 之宝盖，摘礻（示）衤（衣）
五区口诀： 51N 已半巳满不出己，左框折尸心和羽 52B 子耳了也框向上 53V 女刀九臼山朝西（彐） 54C 又巴马，丢矢矣（厶） 55X 慈母无心弓和匕，幼无力（幺）	

五笔字型输入法一般击四键完成一个汉字的输入，编码规则如图 3-2 所示。

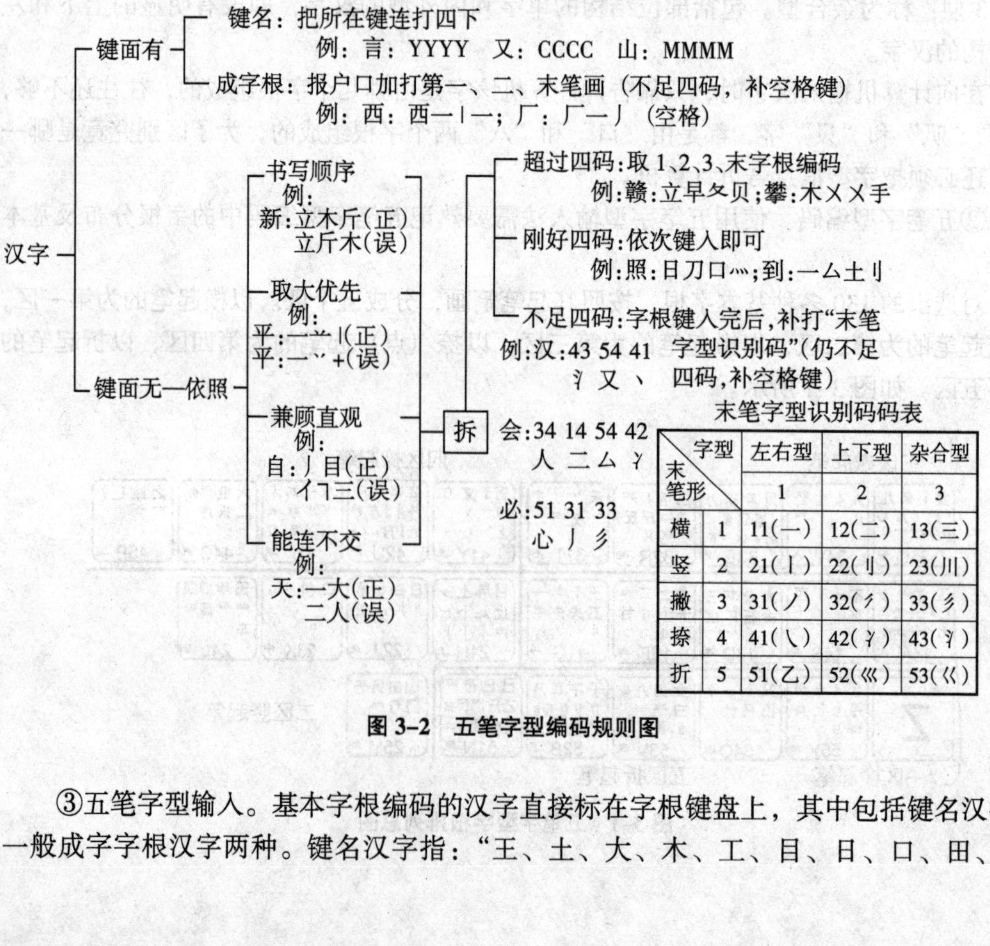

末笔形＼字型		左右型 1	上下型 2	杂合型 3
横	1	11(一)	12(二)	13(三)
竖	2	21(丨)	22(刂)	23(川)
撇	3	31(丿)	32(彳)	33(彡)
捺	4	41(㇏)	42(冫)	43(氵)
折	5	51(乙)	52(巛)	53(巜)

图 3-2　五笔字型编码规则图

③五笔字型输入。基本字根编码的汉字直接标在字根键盘上，其中包括键名汉字和一般成字字根汉字两种。键名汉字指：“王、土、大、木、工、目、日、口、田、山、

言、立、水、火、之、禾、白、月、人、金、子、女、又、纟”，共24个。它们采用把该键连敲四次的方法输入。

一般成字字根的汉字输入采用先敲字根所在键一次（称为挂号），然后再敲该字字根的第一、第二以及最末一个单笔按键。例如，石，第一键为“石”字根所在的D，二键为首笔“横”G键，第三键为次笔“撇”T键，第四键为末笔“横”G键。

但对于用单笔画构成的字，如“一”、“丨”、“丿”、“丶”、“乙”等，第一、二键是相同的，规定后面增加两个英文LL键。这样“一”、“丨”、“丿”、“丶”、“乙”等的单独编码为：

一：GGLL；丨：HHLL；丿：TTLL；丶：YYLL；乙：NNLL。

凡是由基本字根（包括笔型字根）组合而成的汉字，都必须拆分成基本字根的一维数列，然后再依次键入计算机。

例如，“新”字要拆分成：立、木、斤；“灭”字要拆分成：一、火；“未”字要拆分成：二、小等。拆分要有一定的规则，才能最大限度地保持其唯一性。

● 拆分的基本规则。

a. 按书写顺序。例如，“新”字要拆分成“立、木、斤”，而不能拆分成“立、斤、木”；“想”字是拆分成“木、目、心”，而不是拆分成“木、心、目”等，以保证字根序列的顺序性。

b. 能散不连，能连不交。例如，“于”字拆分为“一、十”，而不能拆分为“二、丨”。因为后者两个字根之间的关系为交而前者是“散”。拆分时遵守“散”比“连”优先、“连”比“交”优先的原则。

c. 取大优先。保证在书写顺序下拆分成尽可能大的基本字根，使字根数目最少。所谓最大字根是指如果增加一个笔画，则不成其基本字根的字根。例如，“果”字拆分为“日、木”；而不拆分为“旦、小”。

d. 兼顾直观。例如，“自”字拆分成“丿、目”，而不拆分为“白 、一”等，后者欠直观。

● 复合字编码规则。按上述原则拆分以后，按字根的多少分别处理：

a. 刚好四字根，依次取该四个字根的码输入。例如，“到”字拆分成“一、厶、土、刂”，则其编码为GCFJ。

b. 超过四个字根，则取一、二、三及末笔四个字根的编码输入。例如，“酸”字取“西、一 、厶 、文”，编码为SGCT。

c. 不足四个字根，加上一个末笔字型交叉识别码，若仍不足四码，则加一空格键。

● 末笔字型交叉识别码。对于不足四码的汉字，例如，“汉”字拆分成“氵、又”只有IC两个码，因此要增加一个所谓末笔字型交叉识别码Y。

这里举个例子来说明它的必需性。例如，“汀”字拆分成“氵、丁”，编码也为IS，“沐”字拆分成“氵、木”，编码也为IS；“洒”字拆分成“氵、西”，编码也为IS。这是因为“木、丁、西”三个字根都是在S键上。就这样输入，计算机无法区分它们。

为了进一步区分这些字，五笔字型编码输入法中引入一个末笔字型交叉识别码，它是由字的末笔笔画和字型信息共同构成的。

末笔笔画只有五种，字型信息只有三类，因此末笔字型交叉识别码只有 15 种。如表 3–2 所示。

表 3–2 末笔字型交叉识别表

字型 末笔笔形	左右型 1	上下型 2	杂合型 3
横 1	11G	12F	13D
竖 2	21H	22J	23K
撇 3	31T	32R	33E
捺 4	41Y	42U	43I
折 5	51N	52B	53V

从表中可见，“汉”字的交叉识别码为 Y，“字”字的交叉识别码为 F，“沐、汀、洒”的交叉识别码分别为 Y、H、G。如果字根编码和末笔交叉识别码都一样，这些汉字称重码字。对重码字只有进行选择操作，才能获得需要的汉字。

④五笔编码输入技巧——Z 键使用。从五笔字型的字根键位图可见，26 个英文字母键只用了 A~Y 共 25 个键，Z 键用于辅助学习。

当对汉字的拆分一时难以确定用哪一个字根时，不管它是第几个字根都可以用 Z 键来代替。借助于软件，把符合条件的汉字都显示在提示行中，再键入相应的数字，则可把相应的汉字选择到当前光标位置处。在提示行中还显示了汉字的五笔字型编码，可以作为学习编码规则之用。

⑤五笔编码输入技巧——简码输入。

• 一级简码字。对一些常用的高频字，敲一键后再敲一空格键即能输入一个汉字。高频字共 25 个，如下图键左上角为键名字，键右下角为高频字即一级简码字。

键名	Q	W	E	R	T	Y	U	I	O	P
简码	我	人	有	的	和	主	产	不	为	这
键名	A	S	D	F	G	H	J	K	L	
简码	工	要	在	地	一	上	是	中	国	
键名	Z	X	C	V	B	N	M			
简码		经	以	发	了	民	同			

• 二级简码字。由单字全码的前两个字根代码接着一个空格键组成，最多能输入 25 × 25 = 625 个汉字。

• 三级简码字。由单字前三个字根接着一个空格键组成。凡前三个字根在编码中是唯一的，都选作三级简码字，共约 4400 个。虽敲键次数未减少，但省去了最后一码的判别工作，仍有助于提高输入速度。

⑥五笔编码输入技巧——词汇输入。汉字以字作为基本单位，由字组成词。在句子中若把词作为输入的基本单位，则速度更快。五笔字型中的词和字一样，一词仍只需四

码。用每个词中汉字的前一、二个字根组成一个新的字码，与单个汉字的代码一样，来代表一条词汇。词汇代码的取码规则如下：

• 双字词：分别取每个字的前两个字根构成词汇简码。例如，“计算”取“言、十、目”构成编码（YFIH）。

• 三字词：前二个字各取一个字根，第三个取前二个字根作为编码。例如，“操作员”取“扌、亻、口、贝”构成一个编码（RWKM）；“解放军”取“刀、方、冖、车”作为编码（QYPL）等。

• 四字词：每字取第一个字根作为编码。例如，“程序设计”取“禾、广、言、言”（TYYY）构成词汇编码。

• 多字词：取一、二、三及末笔四个字的第一个字根作为构成编码。

例如，“中华人民共和国”取“口、人、人、口”（KWWL），“电子计算机”取“日、子、言、木”（JBYS）等。

五笔字型中的字和词都是四码，因此，词语占用了同一个编码空间。之所以词、字能共同容纳于一体，是由于每个字四键，共有 25 × 25 × 25 × 25 种可能的字编码，约 39 万个，大量的码空闲着。对词汇编码而言，由于词和字的字根组合分布规律不同，它们在汉字编码空间中各占据着基本上互不相交的一部分。因此，词和字的输入完全一样。

⑦五笔编码输入技巧——重码与容错。如果一个编码对应着几个汉字，则这几个称为重码字；如几个编码对应一个汉字，则这几个编码称为汉字的容错码。

在五笔字型中，当输入重码时，重码字显示在提示行中，较常用的字排在第一个位置上，并用数字指出重码字的序号，如果你要的就是第一个字，可继续输入下一个字，该字自动跳到当前光标位置。其他重码字要用数字键加以选择。

例如，“嘉”字和“喜”字，都分解（FKUK），因“喜”字较常用，它排在第一位，“嘉”字排在第二位。若你需要“嘉”字则要用数字键 2 来选择。

为了减少重码字，把不太常用的重码字设计成容错码字即把它的最后一码修改为 L，例如，把“嘉”字的码定义为 FKUL，这样用 FKUL 输入，则获得唯一的“嘉”字。

在汉字中有些字的书写顺序往往因人而异，为了能适应这种情况，允许一个字有多种输入码，这些字就称为容错字。在五笔字型编码输入方案中，容错字有 500 多种。

(3) 区位输入法

区位输入法是利用区位码进行汉字输入的一种方法，又叫内码输入法。汉字区位码是一个四位的十进制数，属于流水码，不按字的音和形排列，每个区位码都对应着一个唯一的汉字或符号，它的前两位叫做区号（或称“区码”），后两位叫做位号（或称“位码”）。例如，“宝”字的区位编码为 1706，输入数字 1706，就输入了“宝”字。这种数字也是有含义的，它们与每个汉字或字母符号所在的区和位是一一对应的。

在区位码汉字输入方法中，汉字编码无重码，在熟练掌握汉字的区位码后，录入汉字的速度是很快的，但若想记住全部区位码是相当困难的。区位输入法常用于录入特殊符号，如制表符、希腊字母以及发音、字形不规则的汉字、生僻字等，尤其是用户自己新造的汉字只能使用区位输入法进行汉字输入。

3.2.4 计算机键盘的键位设计

一款键盘的键位设计包含了两个概念，一是主体的英文和数字键位设计；二是各种附属键位设计。

最通常的英文与数字键位设计方案就是俗称的“QWERTY”（柯蒂）键盘。这是Christopher Latham Sholes 于 1868 年发明的键位方案。

柯蒂键盘主要的设计目的就是使击键的速度不至于太快。不过在很多文章中的说法有一个小小的错误，这就是柯蒂键盘的键位设计并不是要“使击键的速度不至太快导致卡住”，而是“在不至卡住的前提下尽量提高打字速度”。

这两种说法中有一个微妙的差异，这就是说，减慢打字速度不是最终目的，QWERTY键盘并不是在一味的降低速度，它固然有把 ED 这样的常见组合放在一个手指上的减低速度设计，但也有很多诸如 ER 这样的加速组合键位。

实际上这样设计的根本原因在于机械式打字机的结构，其铅字杠杆的结构决定了当两个位置接近的铅字同时按下的时候就会卡死，但相对的两个相距较远的铅字就不会发生同样的问题，相信有过英文打字机使用经验的人应该都会有所体会。

在柯蒂键盘上，一些常用的字母被放在无名指、小拇指等位置上，这一向被认为是用小拇指等的不灵活性来减低速度，但这种说法没有考虑到机械式打字机的实际情况，食指固然是最灵活的，但食指键位上的按键也是最容易卡死的，所以将常用字母放在边缘以保证在高速打字时不会卡死也就是理所当然的。

所以说，设计柯蒂键盘的最终目的并不是为了单纯的减低打字速度，事实上，柯蒂键盘的设计方案恰恰是为了提高打字速度，只不过是“在不会卡死的情况下尽力提高打字速度”。

进入 20 世纪以后，机电打字机的发明使得机械式打字机的铅字臂卡死不再成为一个重要的问题，众多的高速打字键盘也就应运而生。其中最著名的就是 DVORAK（德沃拉克）键盘。

德沃拉克键盘是 August Dvorak 教授在 1930 年设计的键位方案，由于不再考虑按键的机械结构问题，所以按键分布完全按照理想化的击键率设计。手指运动的行程比柯蒂键盘要小得多，平均打字速度几乎提高了一倍。不过正如很多事情一样，习惯的力量是难以抵挡的，德沃拉克键盘至今只是在极少数专业场合使用。不过对于想试试的人来说，可以尝试一下 Windows 里自带的德沃拉克键盘方案。

[练习 3-4] 在系统中添加英语的 DVORAK 键盘，写出该键盘与现在计算机上普遍使用的 QWERTY 键盘的字母符号对照表。

各种语言的键盘基本都是在英文键盘的基础上改变而成的，大部分键的排列方式都和英文键盘相差不远，只有一些细微的差别。例如，英国键盘上的美元符号变成了英镑符号，而德文键盘上的字母 Y 和 Z 互换了位置。

各种远东语言键盘在英文按键部分则与不标准的美式英文键盘没有什么大的不同，但在一些附属按键上则有明显的区别。对于中国用户来说，最容易见到的非美语言键盘可能就是二手市场上常见的日文键盘了，与标准的英文键盘相比，它的大部分按键都是一样的，但在一些标点符号上却有明显的位置差异，从而导致在英文系统中使用一些标点的时候出现按键的标识和实际内容对应不上的情况。

键位设计的另一个概念就是附属键位的设计，从最早的 IBM PC83 键盘到现在主流的 108 键 Windows98 键盘，已经更新了几代，但总体上并没有根本性的变化。虽然其中有一些诸如紧凑型的设计，但从市场反应来看是不成功的。由此可见，目前的键盘键位设计经过了多年的实践检验，已经是非常成熟的理想设计。

3.3 案例制作及技能要点

本案例中，要求每位同学以自己实际生活经历为背景，为自己写一份从小学到现在的简历，要求突出个人某方面的特长，可以根据递送简历的目的而组织材料，如递送简历是为应聘某个专职或兼职工作岗位、为了继续求学深造，或为了参加某个社团或组织（如青年志愿者）等。

本节将沿着“制作简历”这个主线，逐个讲解在制作过程中可能遇到的 Word 技能要点和技巧，慢慢培养学生习惯 Word 处理文档的思路。

[案例实践 3–1] 在计算机中创建一个普通的 Word 文档，录入自己的简历内容，如姓名、性别、出生年月、联系方式、求学经历、特长，等等。

3.3.1 有关字体的设定

Windows 中文操作系统中内置了多种汉字字体，其中宋体、黑体、幼圆、仿宋等比较常用。宋体是最经常使用的字体，可以出现在各种正式、非正式文档中，它也是 Word 常规文档模板（Normal.dot）中正文的默认字体；黑体经常用做标题，或出现在强调部分；幼圆字体因其字形圆润饱满，个头较大，经常用在需要展示或需要多人共同阅读的场合，如幻灯片页面中；仿宋经常用在政府机关的公文中。所有这些都只是一个习惯，并无严格的一定之规。但通常还是要尽量避免使用较为生僻的字体，以避免文档在改变编辑环境（如在另外的计算机上阅读或编辑）或打印（没有这种打印字体）的时候出现问题。

西文字体种类较多，其中以 Times New Roman 最常用，可以在各种文字场合使用。另外一个较常用的西文字体是 Arial，有点类似中文中的黑体，常常出现在需要加粗或强调的场合。

中文字号从初号、小初、一号、小一……七号、八号不等，字体由大到小，其中书籍、期刊中字体通常使用五号字，而对于学术论文、实践报告等文档中常使用小四号字作为正文字体。

英文字号从 5、5.5……72 不等，字体由小到大。英文字号不能完全与中文字号对应，但两种字号可以在中文、英文文字上混合使用。

字体字号的改变可以通过两种途径来实现：

菜单方法：在【格式】菜单选择【字体】菜单项，在弹出窗口中设置字体字号等内容。

工具栏方法：在 Word 的【格式】工具栏中，有字体和字号下拉列表框，当点击下拉列表框的向下按钮时，可选择的字体或字号就会显示出来，找到将设定的字体或字号并点击，就完成设置了。

注意：改变某些文字的字体和字号，必须先用鼠标或键盘选中这些文字，让这些文字在屏幕上反白显示（或称作突出显示，如果正文是白底黑字，反白显示就是通过鼠标拉动或键盘选取使它变为黑底白字。当然，通过 Word 字体窗口或工具栏也可以设置文字的底色和字体颜色，但这里不是永久设置黑底白字，而当鼠标点击文档其他位置或敲击键盘时，这段文字反白现象就会消失），这时候设置字体字号才有效。

在字体窗口还有多种关于字体的设置，字形部分可以把文字设置为【粗体】、【倾斜】、【常规】或【粗体 倾斜字体】；对全体文字可以设置颜色、是否有下划线及线形、是否加强调符号；效果部分可以把文字设置为加删除线、上标、小标等多种效果。

［案例实践 3-2］对已经录入的简历内容进行字体字号的设置。把“个人简历”四个字设置为“隶书，小初号”；把“联系方式”等相关内容设置为“宋体，小四号，斜体，加粗”；“应聘职位”、“教育经历”等标题类文字设定为“黑体，四号”字；具体内容部分都设定为“仿宋，四号”字。

对简历中的名字加强调符号；对简历中所属单位加“点划式下划线”。具体样式参见本章的实践范例。

［练习 3-5］尝试一下，在 Word 文档中写出“教室面积 100m^2”、“令 $t_1 = t_0 + 1$”。

提示：按正常方式录入上面文字，选中“2”，用菜单方式调出字体设置窗口，点击【上标】选项，按【确定】即可。下标设置方法同。

3.3.2 段落设置

(1) 设置首行缩进

通常的文档都是由若干个自然段落构成的，一个内容说明完毕，不管是否到行的末端，叙述下一内容时一定要另起一行，表示一个新的自然段。按照中文的书写习惯，每个自然段开头都要空两格。在 Word 中预设了这个设置，通过【格式】菜单→【段落】→【缩进和间距】标签中→【特殊格式】下拉列表框中 →【首行缩进】选项来确定，选定【首行缩进】后，在其右侧的【度量值】列表框中会出现一个 Word 估算的两个字符大约的距离值，通常会以【字符】为单位。如果对这个缩进值不很满意，也可以在【度量值】后面的列表框里进行数值修改，直到满意为止。首行缩进的设定，使得整个自然段只有该自然段的第一行空一段距离，该段其他行则不缩进了。

［练习 3-6］利用复制、粘贴的方法，把上例中的“教室面积 100m^2”、令“$t_1 = t_0 + 1$”复制为具有多行的自然段，复制整个自然段，通过粘贴的方式得到至少 5 个自然段。第一个自然段，设置字体为五号；第二个自然段，小四号；第三个自然段，设置字体为四号；第四个自然段，小三号；第五个自然段，设置字体为三号。对这 5 个自然段都设置成首行缩进，看看每个自然段缩进的度量值有什么不同？考虑一下：如果希望每个自

然段缩进度量值相同，该怎么设置？

思考：如何利用【页面视图】中 Word 文档窗口上端的标尺设置首行缩进？

提示：Word 文档窗口上端的标尺上有三个小三角样标识，用鼠标挪挪看，这三个小三角各负责什么功能。

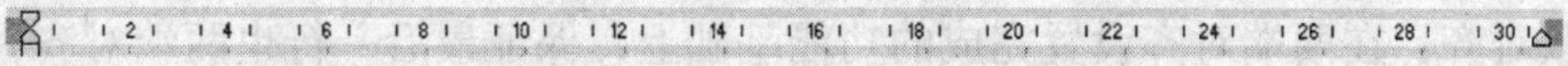

图 3–3 【页面视图】中标尺上的三个小三角

做法：把光标停在将设置的自然段，切换到页面视图，把鼠标停在页面上边标尺的上三角处，按住鼠标左键，会注意到正文中有一条虚线随上箭头移动，拉动鼠标，停放到希望缩进的地方。

（2）设置整段左/右缩进

如果希望整个自然段左侧/右侧缩进 5 个字符，则需进行如下操作：【格式】菜单→【段落】→【缩进和间距】标签中→【缩进】部分→【左侧/右侧】文本框中输入“5 个字符”。

［练习 3–7］利用上例中的“教室面积 100m²”、“令 $t_1 = t_0 + 1$”复制为具有多行的自然段，复制整个自然段，通过粘贴方式得到至少 5 个自然段。第一个自然段，设置字体为五号；第二个自然段，小四号；第三个自然段，设置字体为四号；第四个自然段，小三号；第五个自然段，设置字体为三号。对这 5 个自然段都设置成首行缩进，看看每个自然段缩进的度量值有什么不同？考虑一下：如果希望每个自然段缩进度量值相同，该怎么设置？

（3）设置段落间距

通常为了突出显示自然段，会增加段落之间的距离。进行如下操作即可：【格式】菜单→【段落】→【缩进和间距】标签中→【间距】→【段前/后】文本框中输入具体数值如 0.5 行。

［练习 3–8］把上例中的自然段段前距离设为 1 行，段后距离设为 2 行。

（4）设置段落中的行距

自然段中的行距也可以在段落窗口中设置。可以把行距设置为相对值，例如相对文本大小设定单倍或多倍行距；也可以对行距设定固定值，即在【设置值】下的文本框中输入具体的值就可以了。操作如下：【格式】菜单→【段落】→【缩进和间距】标签中→【行距】→选【单倍行距或多倍行距】/【设置一个固定的行距值】。

［练习 3–9］把上例中的自然段段间行距设为 1.75 行。

（5）段落对齐方式

Word 中内置了五种段落对齐方式，但在格式工具栏中只有四个段落对齐按钮 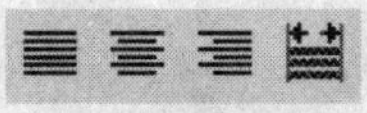。从左到右分别是两端对齐、居中对齐、右对齐和分散对齐。

左对齐：文字从左侧起行，居左依次排列，不考虑段落两端是否对齐，这种情况尤其在中、英文混排情况下表现明显，因为英文是以单词为单位，当每行最末位置不能排下一个单词时，Word 会自动另起一行。这种情况下，如果段落对齐方式设置为【左对齐】，自然段的右端通常明显的参差不齐，工具栏中段落样式按钮显示为 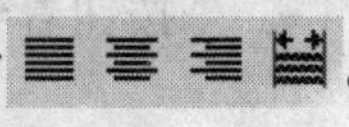。

两端对齐：文字从左侧起行，居左依次排列，同时保证自然段两端的字保持对齐，但最后一行除外（即不保证最后一行右端与其他行对齐）。在中、英文文档里，只要设置了两端对齐，Word 会自动调整标点符号或英文自然段中每行的词与词间空格的大小来保证段落左右两端对齐，工具栏中段落样式按钮显示为 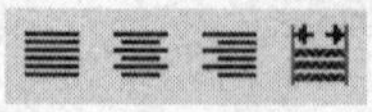 。

分散对齐：在两端对齐设置完成的功能基础上，保证最后一行也两端对齐，由于最后一行可能字数不够达到自然段右端，这时 Word 将通过拉大字符间距的方法保证右端与其他行对齐。右端是对齐了，但最后一行的字符间距可能和本自然段其他行有明显差别——字符间距较大，工具栏中段落样式按钮显示为 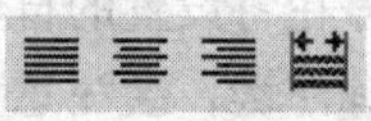 。

居中对齐：文字均匀分布在页面横向中线两侧；这个设置经常用在文档的标题、作者姓名等内容上，工具栏中段落样式按钮显示为 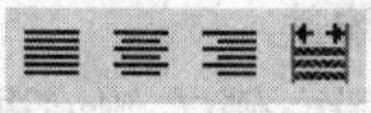 。

右对齐：文字的右端保证与设置的自然段右端对齐，这种设置常常用在时间、落款签名等内容上，工具栏中段落样式按钮显示为 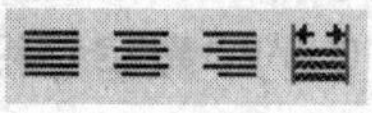 。

以下内容是几种段落对齐方式的范例。

关于几种段落的样式（居中对齐）↵

The·activity·mechanism·of·DBMS·means·that·DBMS·can·monitor·and·control·the·states·and·events·of·the·system.·When·a·special·condition·is·met·or·an·event·occurs,·the·system·will·take·corresponding·actions·automatically.·（两端对齐）↵

The·activity·mechanism·of·DBMS·means·that·DBMS·can·monitor·and·control·the·states·and·events·of·the·system.·When·a·special·condition·is·met·or·an·event·occurs,·the·system·will·take·corresponding·actions·automatically.（左对齐）↵

The·activity·mechanism·of·DBMS·means·that·DBMS·can·monitor·and·control·the·states·and·events·of·the·system.·When·a·special·condition·is·met·or·an·event·occurs,·the·system·will·take·c o r r e s p o n d i n g · a c t i o n s · a u t o m a t i c a l l y . （ 分 散 对 齐 ）↵

管理办公自动化编写组（居右对齐）↵

图 3-4 五种对齐方式范例

[练习 3-10] 练习几种段落对齐方式，能够分辨不同的段落对齐方式，并在恰当的场合应用。

[练习 3-11] 请回答：一共有几种段落对齐方式，每种段落方式适合哪类场合？

3.3.3 编辑标记——段落标记与人工换行符

编辑标记是 Word 记录文档设置的标记，这些标记通常是隐藏的，打印和屏幕预览的时候不可见。但在编辑的时候，可以通过【常用】工具栏中的【显示/隐藏编辑标记】“  ”按钮看到这些编辑标记。其中，段落标记和人工换行符是比较常用的两个编辑

标记。

所有关于段落的设置，如自然段的对齐方式、段前段后的间距等，都存储在每个自然段最后的段落标记里。段落标记是一个从上到左的折线箭头“ ↵ ”。在文档编辑窗口，按【Enter】键，Word 文档中就会出现一个段落标识，光标也转到另起的一个新自然段的开始位置。

人工换行符主要应用在编辑人员需要强制另起一行但又不是另起一个自然段的情况，这时虽然文字另起一行了，但它在逻辑上仍然属于原自然段，因而各项段落设置沿用原自然段设置，其标识为“ ↓ ”。在文档编辑窗口，同时按【Shift】和【Enter】键，Word 文档中就会在当前位置出现一个人工换行标识，光标转到另起的一个新行开始位置。

［练习 3–12］在设置了首行缩进的自然段中，插入段落标记和人工换行标记，看看两种标记带来了哪些文档变化。

［练习 3–13］请回答：段落标记与人工换行符在 Word 文档的段落中的作用有何不同？

3.3.4　边框和底纹

边框和底纹也属于格式中的一种设置，在菜单项【格式】中选择【边框和底纹】菜单项，即可打开【边框和底纹】设置窗口，见图 3–5。【边框和底纹】窗口有三个标签，分别是【边框】、【页面边框】和【底纹】。在这个窗口中，可以设置边框的线型，如直线、点线、点画线等；可以设置边框颜色、边框的粗细，以及边框的各种效果，如是否有阴影等。在本窗口的预览区域分别有四个按钮，代表边框的上、下、左、右线，可以通过点击这四个按钮增加或删除边框。

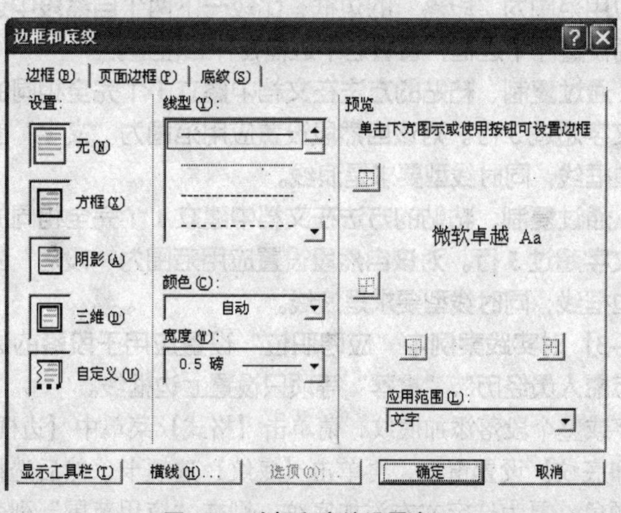

图 3–5　边框和底纹设置窗口

本设置中，难点在于边框和底纹的【应用范围】选项。在【边框】和【底纹】标签里，【应用范围】的可选项都是【文字】或【段落】。当选择边框和底纹的设置范围为【文字】时，边框和底纹只作用于选中的文字，边框紧挨着文字；当选择【段落】的时候，边框和底纹作用于整个段落，包括首行缩进的位置和末行没有文字的部分，且整个段落的文字在一个大的边框里面。【页面边框】标签里的应用范围分别是【整篇文档】、【本节】、【本节—首页】、【本节—除首页外所有页】。“节”是 Word 文档中的一个逻辑单位，具体设置方法和作用将在下章详细介绍。

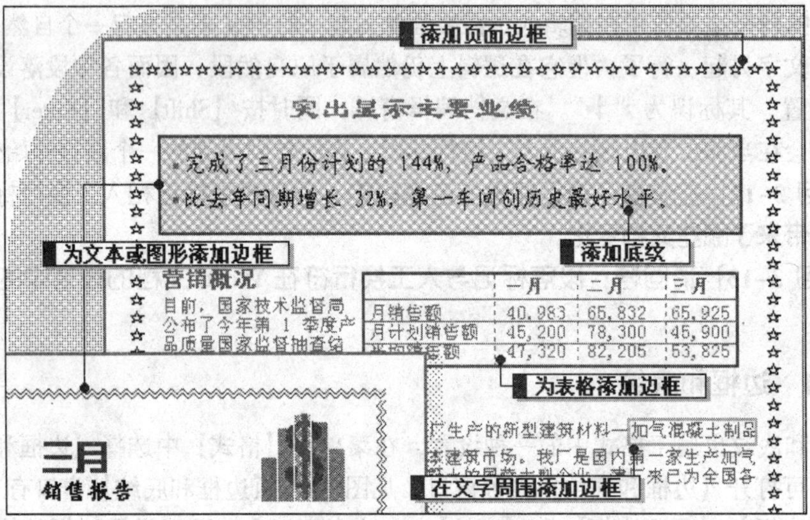

图 3-6 各种边框

[练习 3-14] 通过复制、粘贴的方法在文档中建立 2 个完全相同的首行缩进的自然段，每个自然段文字超过 3 行。对第一个自然段设置应用范围为“文字”的边框，对第二个自然段设置应用范围为“段落”的边框，比较一下两个自然段中边框的特点。同时对整个文档的页面设置一个边框，看看这个边框在什么位置。

[练习 3-15] 通过复制、粘贴的方法在文档中建立 1 个完全相同的首行缩进的自然段，每个自然段文字超过 3 行。对该自然段设置应用范围为“文字”的边框，要求只在文字的上面出现边框线，同时线型要求是浪线。

[练习 3-16] 通过复制、粘贴的方法在文档中建立 1 个完全相同的首行缩进的自然段，每个自然段文字超过 3 行。对该自然段设置应用范围为“段落”的边框，要求只在段落的上面出现边框线，同时线型要求是浪线。

[案例实践 3-3] 对实践案例中“应聘职位”设置应用于段落的边框；对“外语程度”、“奖励”、“志愿人员经历”、“推荐”等项只设置上边框线。

要为选定文字或整个段落添加底纹，请单击【格式】菜单中【边框和底纹】菜单项，即可打开【边框和底纹】设置窗口，再单击【底纹】选项卡，然后选择所需的图案样式和颜色以及填充颜色。要为选定文本添加底纹，则在“应用范围”列表中单击“文字”。单击“段落”即可为段落添加底纹。

[练习 3-17] 请比较应用于“文字”的底纹设置与应用于“段落”的底纹有何不同？总结一下两种底纹的应用特点。

3.3.5　项目符号和编号

在文档中，有些内容通常具有并列关系或按一定次序排列，这种情况可以使用 Word 自动的项目符号或编号。点击【格式】菜单中的【项目符号和编号】菜单项，就进入【项目符号和编号】窗口，见图 3–7。在这个窗口中，有三个标签，分别是【项目标签】、【编号】和【多级符号】。

对于有并列关系且希望加以强调的文字，可以设置项目符号。

设置方法：选中要设置并列关系的文字，点击【格式】工具栏中的项目符号按钮即可；也可在选中文本的情况下，在【项目符号和编号】窗口的【项目标签】中，选择一种样式符号，即完成操作。如果希望改变项目符号，可以选择一种项目符号，点击【项目标签】中【自定义】按钮，即可进入【自定义项目符号列表】窗口，如图 3–8 所示。在这个窗口中可以对项目符号、项目符号大小以及文字的缩进程度进行设置。

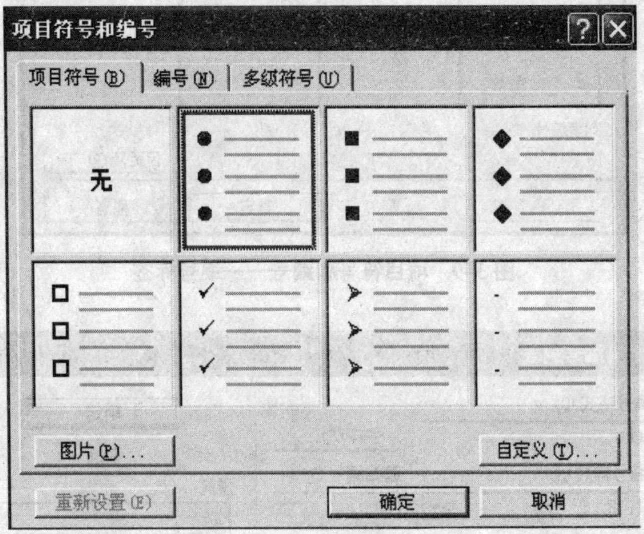

图 3–7　项目符号和编号

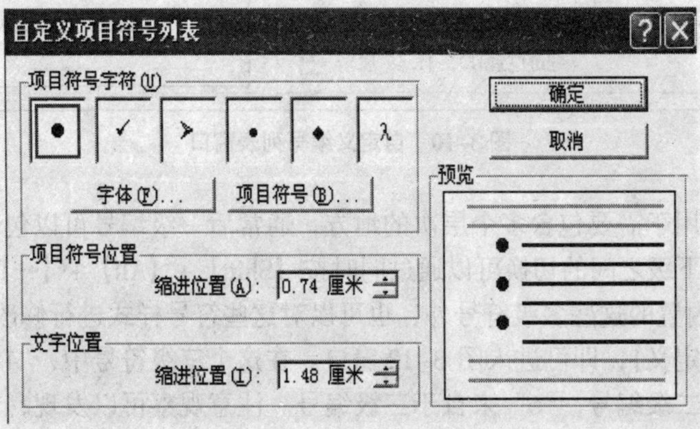

图 3–8　自定义项目符号列表窗口

编号是针对一些有并列关系且有先后次序关系的文字，Word 可以自动加上编号，在工具栏中，项目编号按钮是  。也可以通过菜单实现，在【项目符号和编号】窗口中选择【编号】标签，如图 3-9 所示，会出现多种编号样式，选择一种样式编号，即可完成操作。用户可以通过【自定义】按钮，进入【自定义编号列表】窗口，修改已有的编号模式，如图 3-10 所示。

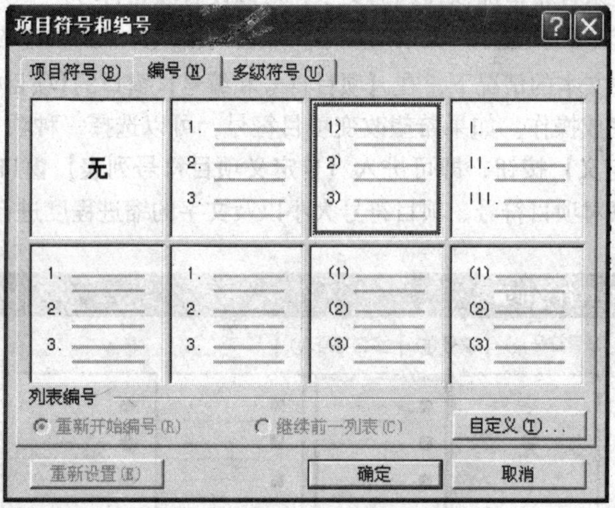

图 3-9 项目符号和编号——编号标签

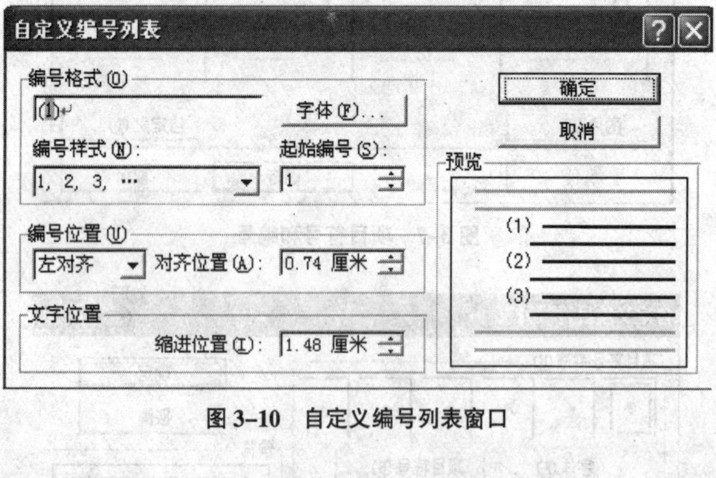

图 3-10 自定义编号列表窗口

多级符号适用于需要包含多个层次的地方，通常后一级编号可以包含其前的若干级别。多级编号上下级之间的切换可以通过同时按【Shift】+【Alt】+【←】/【→】来实现。

除了 Word 内置的这些多级符号外，也可以对这些符号样式进行修改。在图 3-11 所示窗口点击【自定义】，即可进入图 3-12 窗口。在这个三级符号中，"1" 来自于一级编号，"3" 来自于二级编号，"6" 来自于三级编号。注意观察可以发现，窗口文本框中的 "1.3.6" 的三个数字都是灰底黑字，而两个黑点都是白底黑色。Word 中，灰底黑字通常表示由 Word 变量生成的内容。这里的 1、3、6 就是表示在不同位置数字是可变的。白底的两个黑点则在任何编号中都是不变的。编号样式可在窗口中【编号样式】下的列表框中修改。如果不希望有前一级的编号，在编号格式文本框中把前级编号删掉即可。

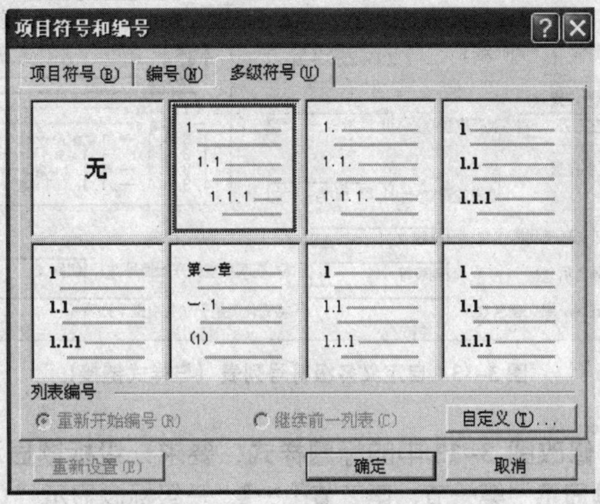

图 3-11　项目符号和编号——多级编号

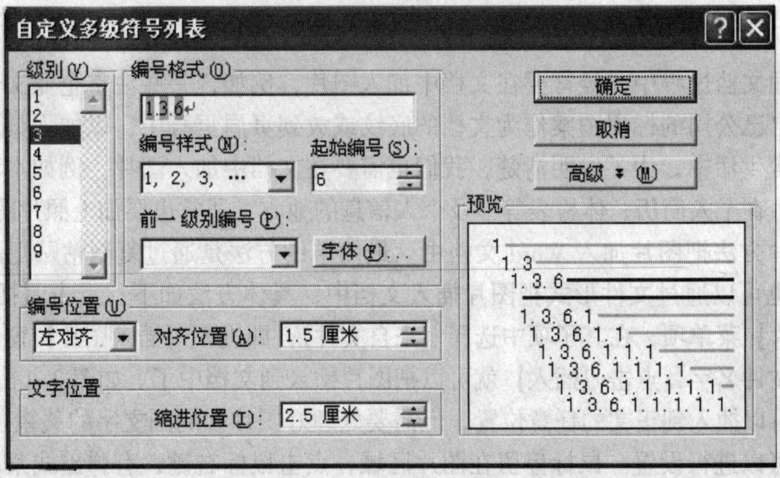

图 3-12　自定义多级符号列表（普通）

[练习 3-18]　修改多级符号样式，令一级编号显示为“一、二、三……”，二级编号显示为“(1)、(2)、(3)……”，三级编号显示为“(A)、(B)、(C)……”

多级符号与标题样式连接，有着广泛的应用。当多级符号与标题样式链接的时候，预览区域编号后面会显示链接的标题级别，如图 3-13 所示。点击图 3-12 中的【高级】按钮，即可展开【自定义多级符号列表】的高级设置区域。在高级设置区域，可以通过【将级别链接到样式】列表框选择样式，链接到当前的多级符号上。如需要在高一级别编号后重新开始编号，可以选择【在其后重新开始编号】选项。

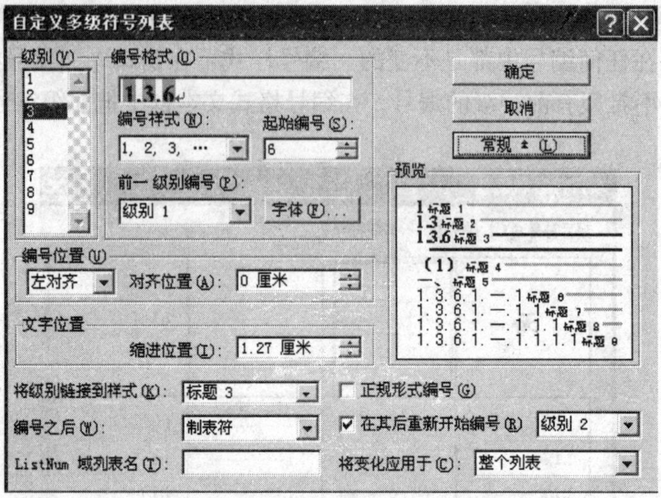

图 3-13 自定义多级符号列表（与样式链接）

［练习 3-19］修改图 3-13 中的标题样式，要求一级标题显示“第一章、第二章……”，二级标题显示“第一节、第二节……”，三级标题显示“(一)、(二)……”，四级标题显示“(1)、(2)……”。每级标题在上级标题后重新开始编号。

3.3.6 图片的插入

在处理文档过程中，经常要在文档中加入图片，例如，一些注重企业文化的公司常常会加入自己公司的标识图案作为文档的底纹或放到页眉页脚中，以加强员工的公司意识；在日常生活中，为了说明清楚，我们也需要在文档中加入图片，例如本教材包含了多张图片；在个人简历、体检表等涉及个人信息的地方，通常也要加上照片图片。

有多种方法把图片加入 Word 文档中。最简单的方法是通过复制粘贴把图片粘贴到文档中，也可以通过文件形式把图片插入文档中，具体方法如下：点击【插入】菜单，选择【图片】菜单项，在其子项中选择【来自文件】，即进入【插入图片】窗口，选择将要插入的文件名字，点击【插入】就可以把图片插入到文档中了。如图 3-14 所示。

图片可以插入到正文的任意位置，但需要处理好图片和周围文字的关系。Word 有专门的菜单可以进行设置。鼠标停留在图片区域，点击鼠标右键，有弹出式菜单出现，如图 3-15。点击【设置对象格式】菜单项，即进入【设置对象格式】窗口。【设置对象格式】中有多个标签，分别是【颜色和线条】、【大小】、【版式】、【图片】、【Web】。

图 3-16 显示的是【设置对象格式】窗口的【大小】标签，这里【锁定纵横比】选项比较重要，只要选择了这个选项，无论对图片如何缩放，都将按原图片等比例缩放。

在【设置对象格式】窗口可以设置图片与周围文字的结合方式。打开【版式】标签，如图 3-17 所示，当选择【嵌入型】环绕方式的时候，图片左右两侧没有文字；选择【四周型】或【紧密型】，图片周围会环绕文字；选择【浮于文字上方】或【衬于文字下方】，图片和文字会出现交叠。在图 3-17 窗口点击【高级】按钮，会进入图 3-18 窗口。在图 3-18 窗口，可以进一步设定图片和文字的环绕方式。如设定文字只在左侧、只在

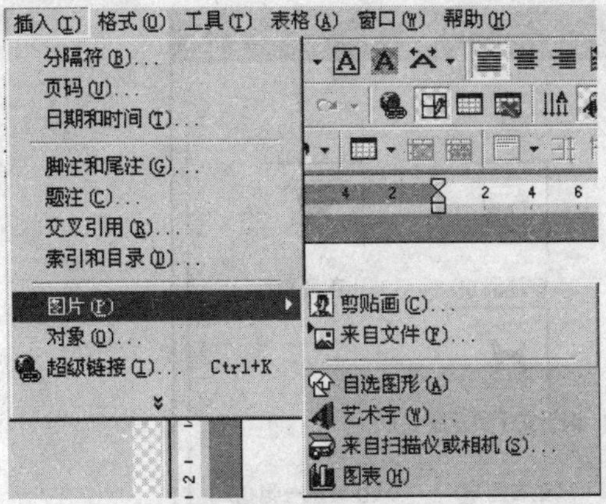

图 3–14　插入图片文件

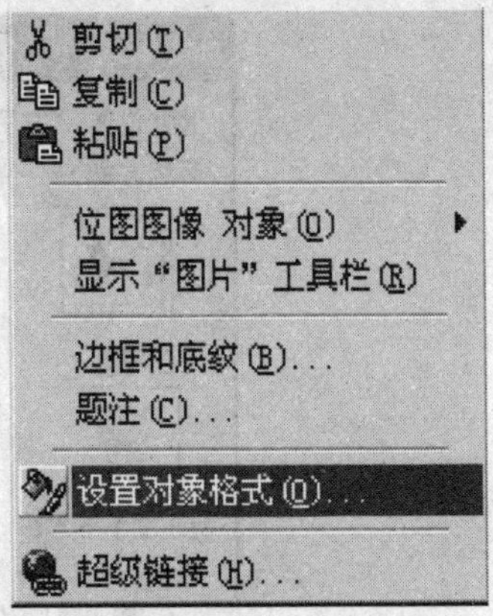

图 3–15　弹出式菜单

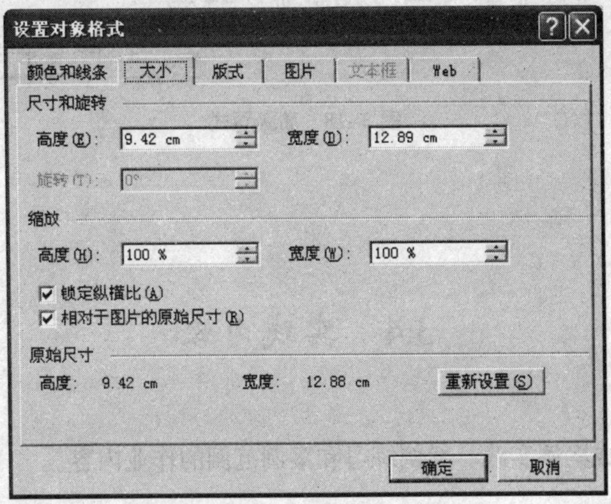

图 3–16　设置对象格式

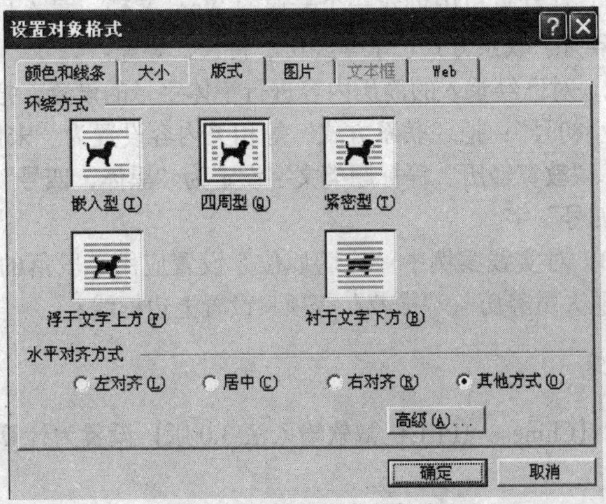

图 3–17　设置对象的版式

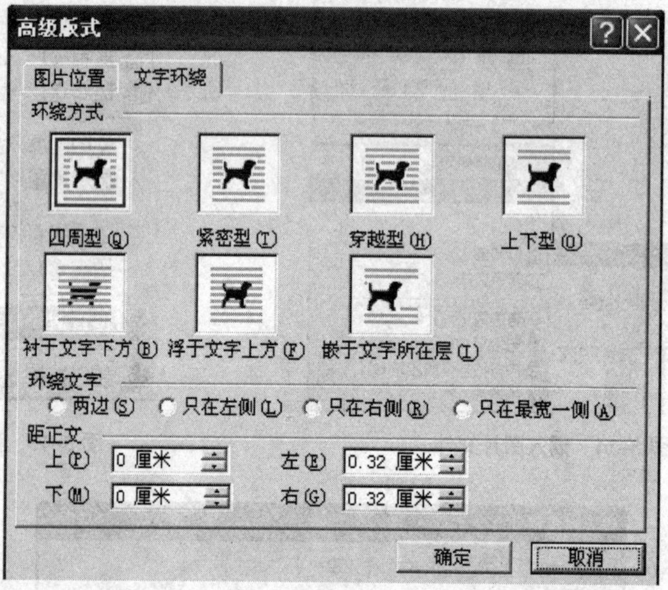

图 3-18 高级版式

右侧或在两边等。

3.4 实践内容

本部分要求完成案例实践、案例练习和案例范例的作业内容。

3.4.1 案例实践

［案例实践 3-1］在计算机中创建一个普通的 Word 文档，录入自己的简历内容，如姓名、性别、出生年月、联系方式、求学经历、特长，等等。

［案例实践 3-2］对已经录入的简历内容进行字体字号的设置。把“个人简历”四个字设置为“隶书，小初号”；把“联系方式”等相关内容设置为“宋体，小四号，斜体，加粗”；“应聘职位”、“教育经历”等标题类文字设定为“黑体，四号”字；具体内容部分都设定为“仿宋，四号”字。

［案例实践 3-3］对实践案例中“应聘职位”设置应用于段落的边框；对“外语程度”、“奖励”、“志愿人员经历”、“推荐”等项只设置上边框线。

3.4.2 案例练习

［练习 3-1］把【Chinese（PRC）微软输入法 3.0 版】设置为计算机启动时的默认输入方式。

［练习 3-2］在系统中添加德语键盘，找到这些德语字母 ß、ö、ä、ü、Ü、Ö、Ä，并

把它们输入到Word文档中。写出德语键盘与标准键盘的对照表。

[练习 3-3] 请为【切换至Chinese（PRC）-中文（简体）-智能ABC】设置快捷切换方式：按【Ctrl】+【Shift】+【1】。

[练习 3-4] 在系统中添加英语的DVORAK键盘，写出该键盘与现在计算机上普遍使用的QWERTY键盘的字母符号对照表。

[练习 3-5] 尝试一下，在Word文档中写出“教室面积 $100m^2$”、“令 $t_1 = t_0 + 1$”。提示：按正常方式录入上面文字，选中“2”，用菜单方式调出字体设置窗口，点击【上标】选项，按【确定】 即可。下标设置方法同。

[练习 3-6] 利用复制、粘贴的方法，把上例中的“教室面积 $100m^2$”、令“$t_1 = t_0 + 1$”复制为具有多行的自然段，复制整个自然段，通过粘贴的方式得到至少5个自然段。第一个自然段，设置字体为五号；第二个自然段，小四号；第三个自然段，设置字体为四号；第四个自然段，小三号；第五个自然段，设置字体为三号。对这5个自然段都设置成首行缩进，看看每个自然段缩进的度量值有什么不同？考虑一下：如果希望每个自然段缩进度量值相同，该怎么设置？

[练习 3-7] 利用上例中的“教室面积 $100m^2$”、“令 $t_1 = t_0 + 1$”复制为具有多行的自然段，复制整个自然段，通过粘贴方式得到至少5个自然段。第一个自然段，设置字体为五号；第二个自然段，小四号；第三个自然段，设置字体为四号；第四个自然段，小三号；第五个自然段，设置字体为三号。对这5个自然段都设置成首行缩进，看看每个自然段缩进的度量值有什么不同？考虑一下：如果希望每个自然段缩进度量值相同，该怎么设置？

[练习 3-8] 把上例中的自然段段前距离设为1行，段后距离设为2行。

[练习 3-9] 把上例中的自然段段间行距设为1.75行。

[练习 3-10] 练习几种段落对齐方式，能够分辨不同的段落对齐方式，并在恰当的场合应用。

[练习 3-11] 请回答：一共有几种段落对齐方式，每种段落方式适合哪类场合？

[练习 3-12] 在设置了首行缩进的自然段中，插入段落标记和人工换行标记，看看两种标记带来了哪些文档变化。

[练习 3-13] 请回答：段落标记与人工换行符在Word文档的段落中的作用有何不同？

[练习 3-14] 通过复制、粘贴的方法在文档中建立2个完全相同的首行缩进的自然段，每个自然段文字超过3行。对第一个自然段设置应用范围为“文字”的边框，对第二个自然段设置应用范围为“段落”的边框，比较一下两个自然段中边框的特点。同时对整个文档的页面设置一个边框，看看这个边框在什么位置。

[练习 3-15] 通过复制、粘贴的方法在文档中建立1个完全相同的首行缩进的自然段，每个自然段文字超过3行。对该自然段设置应用范围为“文字”的边框，要求只在文字的上面出现边框线，同时线型要求是浪线。

[练习 3-16] 通过复制、粘贴的方法在文档中建立1个完全相同的首行缩进的自然段，每个自然段文字超过3行。对该自然段设置应用范围为“段落”的边框，要求只在

段落的上面出现边框线，同时线型要求是浪线。

[练习 3-17] 请比较应用于“文字”的底纹设置与应用于“段落”的底纹有何不同？总结一下两种底纹的应用特点。

[练习 3-18] 修改多级符号样式，令一级编号显示为“一、二、三……”，二级编号显示为“(1)、(2)、(3)……”，三级编号显示为“(A)、(B)、(C)……”

[练习 3-19] 修改图 3-13 中的标题样式，要求一级标题显示“第一章、第二章……”，二级标题显示“第一节、第二节……”，三级标题显示“(一)、(二) ……”，四级标题显示“(1)、(2)……”。每级标题在上级标题后重新开始编号。

3.4.3 实践范例

个人简历

隶书，小初号，居中位置。

刘　明

北京科技大学管理学院，100083

电话： 62332763

传真： 62333852

电子邮件： glxy@manage.ustb.edu.cn

宋体，小四号，斜体，加粗，两端对齐或左对齐，首行缩进 1.5 厘米，以下 4 行同。也可以用表格分栏。

应聘职位： 财务总监

教育经历

• 2002~2005 年，北京科技大学管理学院，获得管理学硕士学位，管理学院研究生学生会主席；

• 1999~2002 年，北京科技大学管理学院，管理学学士学位，管理学院《经济潮》主编。

外语程度

• 第一外语：英语，六级优秀；

• 第二外语：德语，通过国家外语水平考试（WSK）。

奖励

1. 1996~1999 年，每年都被评为优秀学生；

2. 2000 年，被评为优秀学生干部。

志愿人员经历

2001 年作为青年志愿者为亚太经合组织服务。

推荐

如有需要，另行提供。

第4章　著书立说

本章通过学习实践心得的编写，掌握在微软Word环境中多种文档样式的使用；理解Word软件中逻辑单位“节”的概念；熟练进行多种页眉、页脚的设定；熟练使用Word文档中题注、脚注、尾注的使用；学习使用修订设置；学习插入和使用Word几种主要嵌入对象、文本框；能够自动生成文档的各种目录；熟练掌握各种视图的使用等。

通过本案例的训练，在使用Word软件进行文档处理的时候，应尽可能避免使用空格排版，尽可能使文档中有最精简的样式，通篇格式统一。

4.1　案例背景

在现实生活中，我们需要进行大量的文字交流。作为学生，在本科阶段需要提交认识实习、生产实习的实践报告；到了毕业阶段，需要提交本科毕业论文；研究生阶段，需要在公开刊物上发表学术论文，撰写研究报告或硕士论文；进入工作岗位以后，需要不断总结工作业绩，制订计划……20世纪90年代以前，大部分这些文档都是由人工手写的，需要较为正规副本的时候，由打字人员把手写稿变成打印稿，打字室曾经是许多单位必不可少的一个办公部门。近10年来，由于办公自动化的广泛普及，尤其是个人计算机硬件价格下跌带来的微机广泛普及，使得个人微机成为现代办公室里必不可少的设备，所有文档也都渐渐要求以电子文档形式进行编辑，最后打印、出稿。管理办公自动化课程，从文档处理开始。

本章内容基于微软Office中的Word系列软件，范例的制作都是基于Word 2003，操作系统是Windows XP Professional 2002。

4.2　案例制作及技能要点

本案例中，要求每位同学以本课程学习为背景，针对每章的学习内容，分三部分整理文档。第一部分要求同学们完成该章的案例实践，第二部分要求完成该章的所有练习，第三部分要求同学们写出本章内容的学习心得体会。

通过本案例学习，训练和培养学生运用Word软件管理、编排统一文档的能力，为后续的学习和工作打好技能基础。

[案例实践 4-1] 在计算机中创建一个普通的 Word 文档，搭建“案例实践”报告的框架。首先录入每章的名字、每小节的名字（不要加序号）以及一些文字内容。

4.2.1 样式制定

经过前一个案例的学习，我们已经可以对 Word 中的文档进行字体字号的设置。但这种设置通常是针对某些选定的文字，而通常一个文档要求格式具有一定的统一性，例如正文都是五号宋体。如果要求改变正文字体，在某处修改后，希望其他同类文字能够自动修改。这一类功能，在 Word 中是通过“样式”来实现的。

（1）样式

实际上 Word 软件中的任何文档都被归为某种样式，样式说明通常在【格式】工具栏的【样式和格式】。它是一个下拉式组合框，点击右侧向下箭头，当前应用的样式就可以显示在窗口中，如图 4-1 所示。

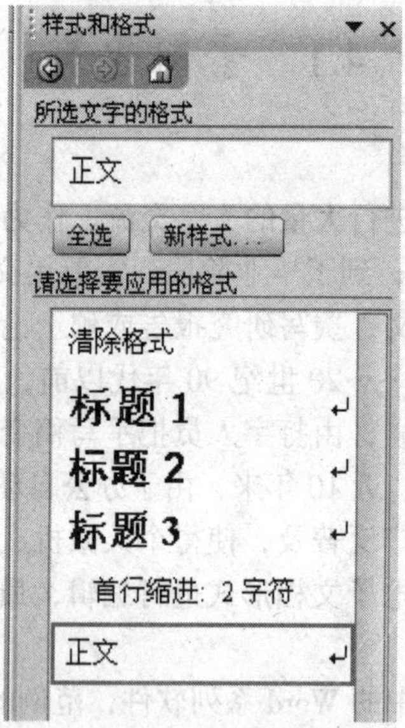

图 4-1　下拉式列表框中的样式

Word 通过不同的样式设定文档的格式。一旦规定的样式改变，Word 会自动更新所有该样式定义的文字。例如更新前正文的样式是：宋体五号字，行距为单倍行距，首行不缩进；更新后正文样式是：宋体小四号字，行距为 1.5 倍行距，首行缩进。只要选择“自动更新”，则全部正文变成新定义的样子。Word 的这一特性，便于进行通篇的修改，便于保持文档统一风格。

（2）修改样式

如前所述，选定某些文字，修改其格式，只能对特定文字有效。如果希望全部文档能够整齐划一，最好在样式中修改。

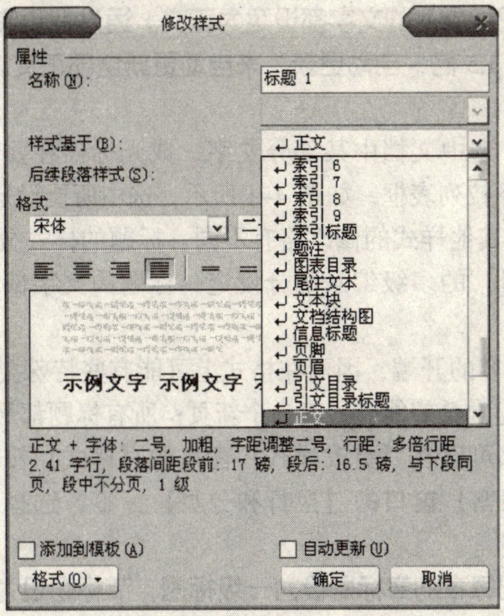

图 4-2　修改样式窗口

修改样式的具体操作如下，选择【格式】菜单中的【样式和格式】，在窗口点击下拉箭头选择打算修改的样式，然后点击【修改】按钮，见图 4-2。在【修改样式】窗口（见图 4-3），选择【格式】按钮，可以进入对样式文字的字体（含字号、字形、颜色、修饰效果等）、段落（含行距、短前段后距离、缩进、换行与分页等）等特性的修改，也可以对某种样式规定快捷键，进行快速键盘操作。如果希望已经修改的内容能够自动更新，则应选择【自动更新】复选框。

样式更改之后，点击【确定】，新修改的样式就会起作用。

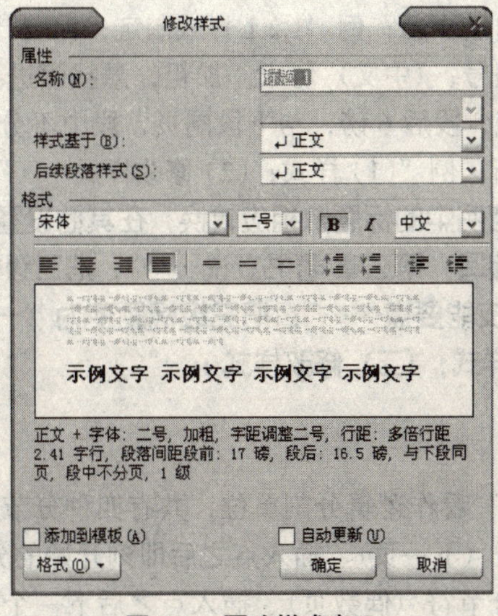

图 4-3　更改样式窗口

[案例实践 4-2] 把所录入的文字都设定为正文。通过把正文样式修改为“宋体、小四号、首行缩进、行距 1.5 倍，自动更新”来自动更新全部正文。

(3) 标题样式

设置标题的方法：选中文档中某部分文字，或光标停在要设成标题的段落，点击【格式】工具栏中样式下拉列表框，如图 4-1 所示，选中所要设定的标题级别即可。

标题的样式与文档其他样式的修改略有不同。标题的样式分两部分，序号部分由格式菜单中【项目与编号】的多级编号部分设定；标题的文字部分在样式中修改，修改方式同前。

标题通常代表新内容的开端，因而在格式上可能有些特殊要求。例如，对于一级标题（也称为章标题），通常希望能够另起一个新页；所有标题都最好与其后续文字在同一个页面。这两个设置都可以在【更改样式】窗口的【格式】按钮中【段落】属性窗口进行修改，即进入【段落】窗口的【换行和分页】标签，选择【段前分页】、【与下段同页】。

[案例实践 4-3] 把每章的章标题设为一级标题，节标题设为二级标题，节下面为三级标题。

其中：一级标题样式为：小一号，（中文）黑体，加粗，居中，段落间距 18 磅，段后 30 磅，段前分页，与下段同页，段中不分页，一级，多级符号，自动更新；例“1. 简历编写；2. 著书立说……”

二级标题样式为：三号，（中文）仿宋，（默认）Arial，加粗，悬挂缩进 1.02 厘米，多倍行距 1.73 字行，段落间距段前 13 磅，段后 13 磅，与下段同页，段中不分页，二级，多级符号，制表位 1.02 厘米，自动更新；例“1.1 案例背景；1.2 案例制作及技能要点……”

三级标题样式为：小三号，（中文）楷体，加粗，悬挂缩进 1.27 厘米，多倍行距 1.73 字行，段落间距段前 13 磅，段后 13 磅，与下段同页，段中不分页，三级，多级符号，制表位 1.27 厘米，自动更新；例“1.2.1 样式制定；1.2.2 节……”

四级标题样式为：四号，（中文）仿宋，加粗，悬挂缩进 1.52 厘米，多倍行距 1.57 字行，段落间距段前 6 磅，段后 6 磅，与下段同页，段中不分页，三级，多级符号，制表位 1.52 厘米，自动更新；例“(1) 样式；(2) 修改样式……”

[练习 4-1] 把实践范例中的标题做相应转换，在其他设置都不变的情况下，把一级标题变为“第一章 简历编写；第二章 著书立说……”；把二级标题变为“第一节 案例背景；第二节 案例制作及技能要点……”；把三级标题变为“一 样式制定；二 节……”；把四级标题变为“(一) 样式；(二) 修改样式……”

4.2.2 节

在 Word 中，把“节”看作逻辑分割单位，共有四种分节符，它们分别是：插入点之后下一页开始的分节符（下一页）、插入点之后即刻开始的分节符（连续）、插入点之后下一个偶数页开始的分节符（偶数页）、插入点之后下一个奇数页开始的分节符（奇数页）。

在 Word 文档中插入“节”的操作如下：

选择“插入”菜单中的“分隔符”，如图 4-4 所示，选择其中一种即可。

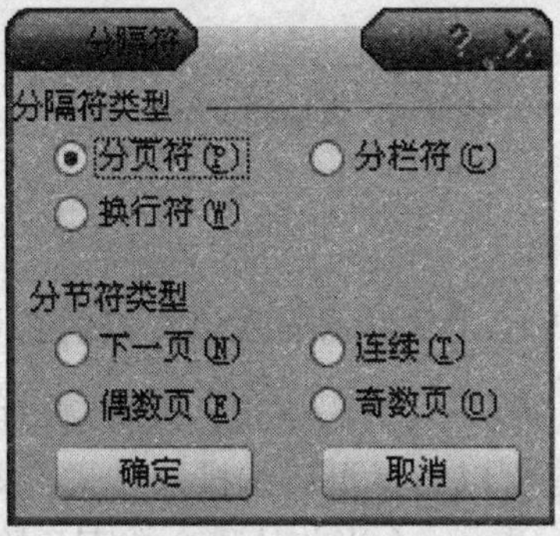

图 4-4　插入分节符

Word 文档的“分节符”是隐藏式的编辑符，在打印预览和打印的文档中都是不可见的。在编辑的时候如果打开【显示/隐藏编辑标记】按钮，分节符是可以看见的。从图 4-5 可见，分节符一般隐藏在段落标记之后，用双点线来表示，点线上标明分节符的类别。

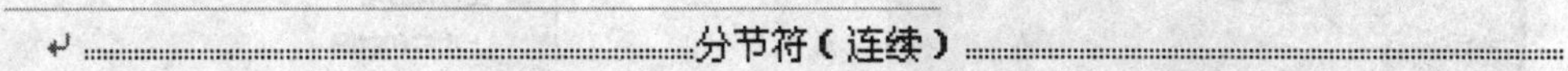

图 4-5　连续分节符

分节符作为 Word 软件可识别的逻辑界限符，在 Word 排版过程中有广泛的应用。下文的不同页眉页脚设置就是它的一个典型应用。

[案例实践 4-4]　对已完成的案例，在每一章前面添加分节符。

4.2.3　页脚页眉

在学术论文或书籍著作中，常常在页眉或页脚处标记许多有用的信息，如章节号、页码、日期、公司徽标、文档标题、文件名或作者名等文字或图形，这些信息通常打印在文档中每页的顶部或底部。页眉打印在上页边距中，而页脚打印在下页边距中。页眉或页脚通常用于打印文档。例如，本页就设置页眉为“管理办公自动化原理与技术（上）——著书立说”，页脚为页码。页眉和页脚只会出现在页面视图和打印出的文档中。

在文档中可自始至终用同一个页眉或页脚，也可在文档的不同部分用不同的页眉和页脚。例如，可以在首页上使用与众不同的页眉或页脚或者不使用页眉和页脚；还可以在奇数页和偶数页上使用不同的页眉和页脚，而且文档不同部分的页眉和页脚也可以不同。

在 Word 中添加页眉页脚，可以在窗口的【视图】菜单中选择【页脚和页眉】，此时正文变成灰色，进入不可修改状态，页眉页脚区域变成可写状态，可以在页眉页脚输入文字。这时页眉页脚工具栏自动显示，如图 4-6 所示，其中有些页眉页脚常用的信息可以直接使用。

图 4-6 页眉和页脚工具栏

（1）页眉和页脚工具栏

表示插入每页的页码； 表示插入该文档的总计页数； 可以进入【页码格式】设置窗口，如图4-7 所示。【页码格式】设置窗口可以设置页码的数字格式、是否包含章节号，尤为重要的是可以设置页码编排的方式，即是否继续前面的“节”来排页码；如果不【续前节】排页码，那么当前从哪个数字开始作为起始页码。

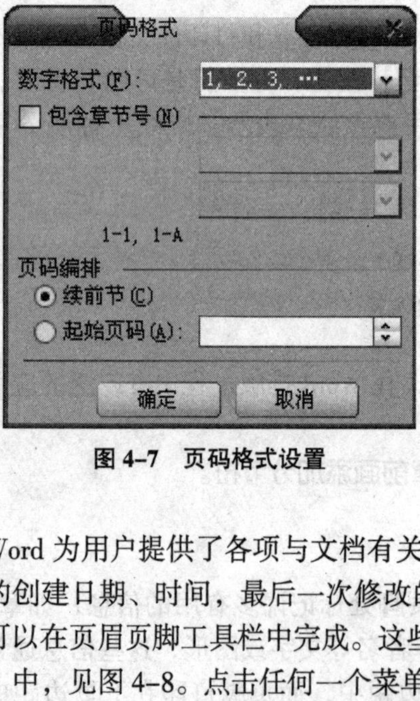

图 4-7 页码格式设置

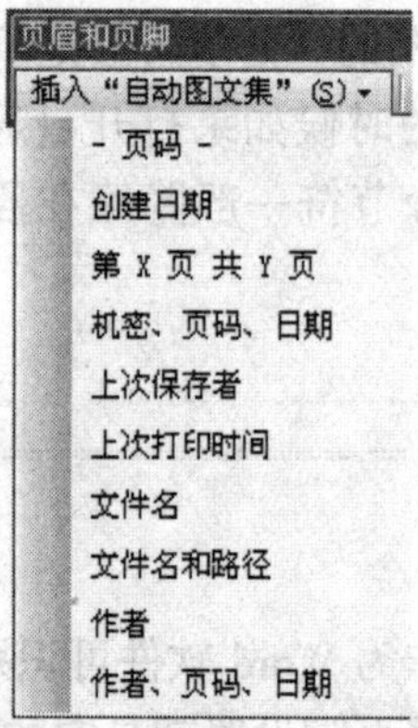

图 4-8 自动图文集

Word 为用户提供了各项与文档有关的参考信息，如自动编排页码，文档的总页数，文档的创建日期、时间，最后一次修改的日期、时间，文档所在的物理位置等，以上内容都可以在页眉页脚工具栏中完成。这些信息被预设在【页眉和页脚】工具栏中【自动图文集】中，见图 4-8。点击任何一个菜单项，就可以把相应的内容加到光标所在位置处。

表示插入当前系统日期； 表示插入当前系统时间； 进入【页面设置】窗口，在【版式】标签里，可以设置与页眉页脚有关的属性。例如，奇偶页是否使用相同的页眉页脚，首页是否使用不同的页眉页脚，对齐方式以及应用范围。

是【显示/隐藏文档文字】按钮，可以在修改或创建页眉或页脚的时候暂时显示/隐藏正文文档文字。

将插入点移至上一个页眉或页脚； 将插入点移至下一个页眉或页脚； 在创建或更改页眉页脚的区域之间移动插入点。

[案例实践 4-5] 为案例作业添加页眉页脚。页眉内容要求是“管理办公自动化原理与技术（上）”，页脚左侧是专业和班级，中间位置是第 X 页共 Y 页，右侧是学号和姓名。

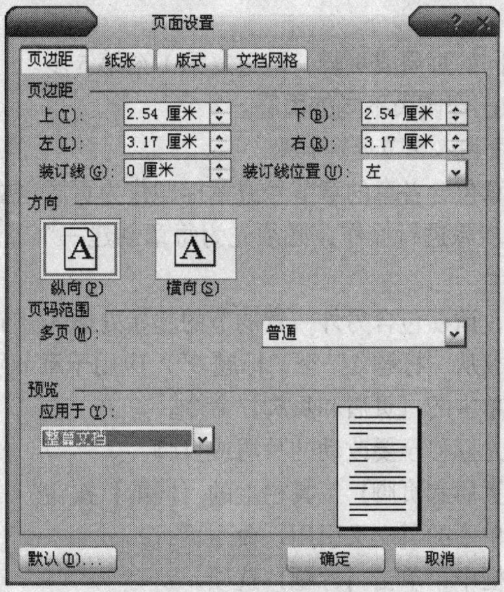

图 4-9　页面设置的版式标签

（2）创建不同的页眉或页脚

创建页眉或页脚时，Word 自动在整篇文档中使用同样的页眉或页脚。在上文中，我们谈到了“节”的概念，通常一个“节”内的页眉页脚是相同的。在默认的情况下，节与节之间的页眉页脚也是相同的。要为部分文档创建不同于其他部分的页眉或页脚，请对文档进行分节，然后断开当前节和前一节中页眉或页脚间的连接。

具体操作如下：

①如果尚未对文档进行分节，请在要使用不同的页眉或页脚的新节起始处插入一个分节符。

②单击要为其创建不同页眉或页脚的节。

③单击【视图】菜单中的【页眉和页脚】命令。

④如果需要，可将光标移至要修改的页眉或页脚处。

⑤单击“页眉和页脚”工具栏上【同前】按钮 。【同前】按钮是个开关按钮，当它处于被按下状态时，表示当前页眉或页脚与前一“节”的页眉或页脚相同，常常在页眉或页脚处会出现“与上一节相同”字样。如图 4-10 所示。当再次点击【同前】按钮后，【同前】按钮处于弹出状态，“与上一节相同”字样消失，这时修改或创建页眉或页脚，就不会改变前面已经存在的页眉或页脚了。

⑥Word 会自动对后续各节中的页眉或页脚进行同样的修改。

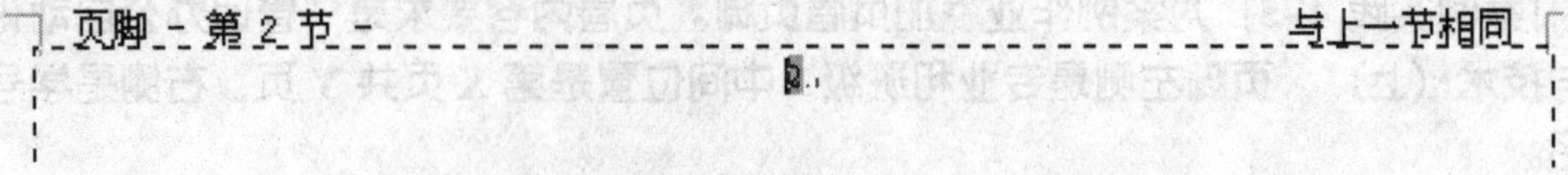

图 4–10 【同前】按钮被按下时的页脚

要为下一节创建不同的页眉或页脚，请重复第 1 至第 5 步。

[练习 4–2] 试着做出奇偶页不同的页眉。

(3) 在页眉或页脚中插入章节号和标题

如果需要文档的各章包含各章的章节号或章标题作为页眉（或页脚），则可以使用交叉引用实现。要按以下步骤进行操作，必须先为每章创建一个节，然后对每一节重复以下步骤：

①如果尚未创建节，请在包含另外一章的节的起始处插入分节符。

②将内置标题样式（从“标题 1”至“标题 9”）应用于章节号和标题。

③单击【视图】菜单中的【页眉和页脚】命令。

④如果需要，请将光标移至要改动的页眉或页脚。

⑤确认没有按下【页眉和页脚】工具栏上的【同前】按钮。

⑥单击【插入】菜单中的【交叉引用】命令。

⑦在【引用类型】框中，单击【标题】选项。

⑧在【引用哪一个标题】框中，单击包含所需章节号和标题的选项。

⑨单击【插入】，然后单击【关闭】按钮。

对文档中的每一章重复第 1 至第 8 步。

注意：如果改动了文档的章节号或标题，Word 将在您选定【页眉和页脚】并按 F9 键或打印文档时自动对其进行更新。

[案例实践 4–6] 把上例的页眉部分改为每章各不相同。即第一章是“管理办公自动化原理与技术（上篇）——简历编写”；第二章是“管理办公自动化原理与技术（上篇）——著书立说”……

(4) 删除页眉或页脚

当不需要页眉页脚时，双击页眉页脚，然后直接删除不需要的页眉或页脚即可。删除一个页眉或页脚时，Word 自动删除整个文档中同样的页眉或页脚。要删除文档中某个部分的页眉或页脚，请将该文档分成节，然后断开各节间的连接。

也可以用菜单实现删除页眉或页脚，操作如下：

①单击【视图】菜单中的【页眉和页脚】命令。

②如果需要，可将光标移至要删除的页眉或页脚处。

③在页眉或页脚区域中，选定要删除的文字或图形，然后按 Delete 键。

4.2.4 尾注、脚注的使用

脚注和尾注主要用于在打印文档中为文档中的文本提供解释、批注以及相关的参考资料。在一篇文档中可同时包含脚注和尾注。例如，可用脚注对文档内容进行注释说明，而用尾注说明引用的文献，即通常的参考文献列表。脚注出现在文档中每一页的底端，尾注一般位于整个文档的结尾。

（1）脚注或尾注的构成

脚注或尾注由两个互相链接的部分组成：注释引用标记和与其对应的注释文本。您可以让 Word 自动为标记编号，也可以创建自定义的标记。

如果是在屏幕上查看文档，只需将指针停留在文档中的注释引用标记上便可以查看注释。注释文本会出现在标记上方。要将注释文本显示在屏幕底部的注释窗格中，请双击注释引用标记。打印文档时，脚注会出现在指定的位置：或者位于每一页的底端，或者紧接在该页上最后一行文本的下面。打印文档时，尾注也会出现在指定的位置：或者位于文档末尾，或者位于每一节的末尾。

[案例实践 4–7] 为案例实践报告添加至少 2 个尾注作为参考文献。要求在正文中指明某个练习是参考了哪本书中的哪页文字，注释部分按照"作者，名称，出版社/期刊杂志，公开发表时间，页码"的顺序列出参考文献，例如"吴晓雷，贺超英，王永军，张志永，东方阳，张劲松，陈受宜，盖钧镒. 大豆遗传图谱的构建和分析. 遗传学报，2001，28（11）：1051~1061."。

（2）脚注或尾注编号及分隔符

添加、删除或移动了自动编号的注释时，Word 将对注释引用标记进行重新编号。在注释中可以使用任意长度的文本，并像处理任意其他文本一样设置注释文本格式。Word 通常在脚注和尾注之前增加注释分隔符，即用来分隔文档正文和注释文本的线条，以示与正文的区别，也可以自定义注释分隔符。

但如果把尾注作为参考文献使用时，并不需要此横线，因此可以在普通视图中选择【插入】菜单中的【尾注和脚注】，此时 Word 窗口的下端会分割出尾注或脚注窗口，选择尾注或脚注的分割符，去掉即可。

插入脚注或尾注的具体操作如下：在 Word 工作窗口，选择【插入】菜单中的【尾注和脚注】，进入【尾注和脚注】窗口，选择【尾注】或【脚注】即可。

[案例实践 4–8] 在文档末端添加一级标题"参考文献"，要求去掉正文与尾注之间的分隔符。

（3）尾注和脚注删除

如果要删除注释，请删除文档窗口中的注释引用标记，而非注释窗格中的文字。在文档中选定要删除的注释的引用标记，然后按 Delete 键。如果删除了一个自动编号的注释引用标记，Word 会自动对其余的注释重新编号。

4.2.5 插入图形

处理文档过程中，除了可以添加图形文件以外，还可以使用 Word 绘图功能自己画一些必要的图形，例如程序流图、组织机构图等。

Word 绘图功能的使用必须在页面视图或联机视图中进行。Word 窗口【常用】工具栏中就有【绘图】按钮 ，该按钮是个开关按钮，当其处于被按下状态时，Word 文

档窗口底端就会出现绘图工具条，见图 4–11。工具栏中包含各种标准图形（如矩形、圆、直线、箭头等），通过工具栏按钮还可以改变线形的粗细、图形阴影、图形立体感等内容。

图 4–11　绘图工具条

（1）文本框

文本框是一种可以移动、大小可调的文本或图形容器。文本框可用于在页面上放置多块文本，也可用于为文本设置不同于文档中其他文本的方向。

单击【绘图】工具栏上的【文本框】按钮 或 ，在文档中需要插入文本框的位置单击鼠标或进行拖动即可。

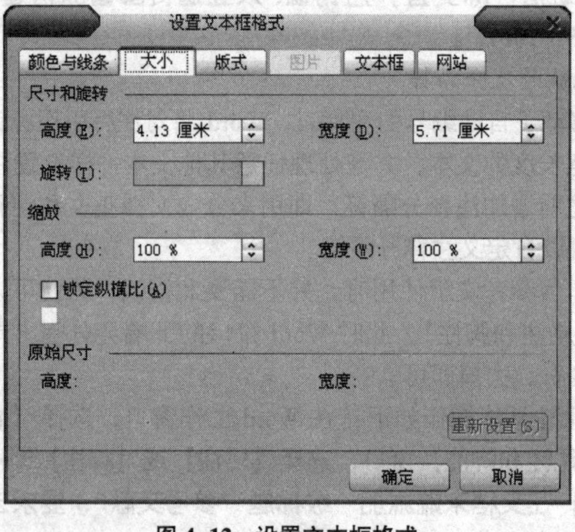

图 4–12　设置文本框格式

文本框插入后，右键点击文本框，在弹出式菜单中选择【设置对象格式】菜单项，即进入【设置文本框格式】窗口，见图 4–12。在这个窗口，可以更改其填充颜色、线条颜色，改变其大小、版式等。其操作方法与处理其他任何图形对象没有区别。

边线可以根据要求设置成无线条颜色，或对线条设置成不同的粗细程度。文本框内也可以设置为无填充颜色。

文本框与周围的文字结合方式与文档其他插入对象系统，也有诸如四周型、紧密型、上下型、穿越型等。

（2）图形分解组合

Word 绘图功能提供了大量可选的图形，但有时我们还是需要用多个基本图形构成一个较为复杂的图形。通常，在图形间相对位置调制准确后，可以使用组合图形的方式，把若干基本图形组合为一个整体，便于在文档中位置的调整。在图形功能使用过程中，还要注意图形间的叠放顺序，防止图形间覆盖。

[案例实践 4-9]　请利用 Word 的绘图工具绘制图4-13，要求图中的文本框的线条都是无色的，所有图形都没有填充色，在绘制图形过程中建议把各个元素组合在一起，最后把所有的图素组合在一起，把整个图作为一个整体设置与周围文字的环绕关系。

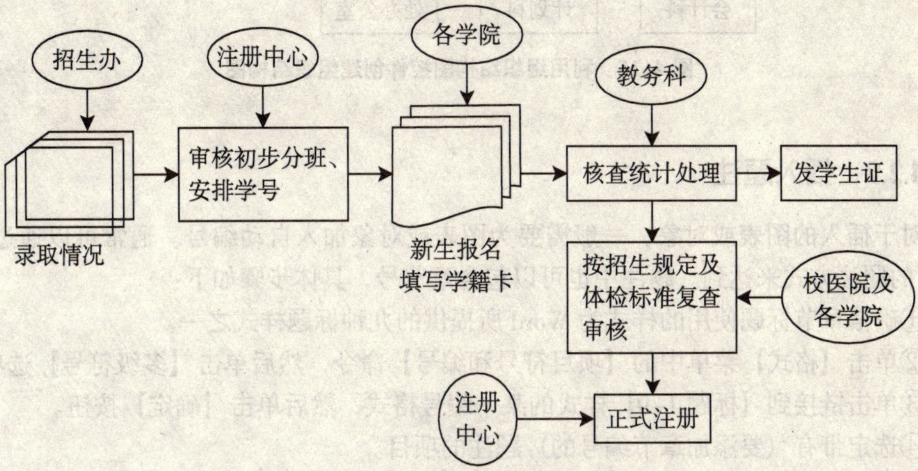

图 4-13　学籍管理业务流程图

4.2.6　插入对象

在 Word 中，可以插入各种对象，常用的对象如数学公式、Excel 表格或图标、组织结构图、位图等。自 Office 2003 以后版本的 Word 中组织结构图已作为图形工具控件出现。

在 Word 窗口，选择【插入】菜单中【对象】，即可进入插入【对象】窗口，该窗口【新建】标签中预置了很多 Word 可以插入的对象，如【Microsoft 公式 3.0】、【Ms 组织结构图 2.0】等。选择了需要插入的对象后，将立即进入该对象的编辑窗口。

[案例实践 4-10]　利用公式编辑器，在 Word 文档中添加下面公式：

$$d(i,\ j)=\frac{\sum_{k=1}^{m}\delta_{ij}^{(k)}d_{ij}^{(k)}}{\sum_{k=1}^{m}\delta_{ij}^{(k)}}$$

图 4-14　利用公式编辑器编辑的公式

[案例实践 4-11]　利用组织结构图控件，在 Word 中插入下列组织结构图。

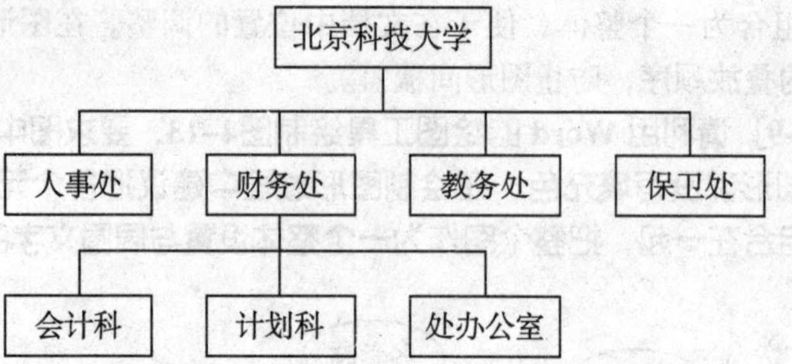

图 4-15　利用组织结构图控件创建组织结构图

4.2.7　插入题注

对于插入的图表或对象，一般需要为图表或对象加入自动编号。通常可以通过加入 Word 的题注方式来达到。题注中也可以包含章节号，具体步骤如下：

①确信章节标题使用的样式为 Word 所提供的九种标题样式之一。

②单击【格式】菜单中的【项目符号和编号】命令，然后单击【多级符号】选项卡。

③单击链接到【标题 1-9】样式的某一编号格式，然后单击【确定】按钮。

④选定带有（要添加章节编号的）题注的项目。

⑤单击【插入】菜单中的【题注】命令。

⑥单击【编号】按钮。

⑦选中【包含章节号】复选框，然后选择该章节标题所用的标题样式。

⑧选定所需选项。

⑨对于较正规的论文，需要生成图表目录。如果文章内图表或对象的编号由题注自动生成，则可以通过题注自动生成图表目录。

[案例实践 4-12]　在案例实践作业中，为你所做的“学籍管理业务流程图”、“公式”、“组织结构图”添加题注，要求题注包含章节号，并在所选对象的下面。

4.2.8　各种视图

Word 预设了多种视图，可在任何视图中键入、编辑文字，并且编排文字的格式。关于视图内 Word 显示文档的方式，可在【工具】菜单中的【选项】窗口弹出后设置。在【选项】窗口打开【视图】选项卡，设置相应选项。例如，可在文档中显示或隐藏内容（例如图形、动态文本和域代码）或者屏幕组件（例如，滚动条）。

（1）普通视图

在 Word 中，普通视图是预设的视图。普通视图显示文字格式，但是简化了页面的布局，不显示页眉页脚和图形图片，其特点是可快速键入或编辑文档。在此视图下，页与页之间用虚线表示。

切换到普通视图的方法是：单击【视图】菜单中的【普通】命令，或点击窗口左下角【普通视图】图标 ▤。

(2) 页面视图

页面视图是按照文档将打印出的方式进行显示的视图，即所见即所得页面。在该页面中会显示很多其他页面看不到的东西，诸如页眉、页脚文字，Word 中自画的一些图形，例如本章的图 4–13 和图 4–15 在普通视图和大纲视图中就是不可见的。

单击【视图】菜单中的【页面】命令，可切换到页面视图。或者也可以单击水平滚动条上的【普通视图】按钮。

(3) 大纲视图

在此视图中，全部文档按标题级别分级缩进显示，使得查看文档的结构变得很容易，并且可以通过拖动标题块来移动、复制或重新组织大量文本。在此视图中可以对各级文档进行升级、降级操作，也可折叠文档，只查看主标题，或者扩展文档细节，查看整个文档内容。

要切换到大纲视图，请单击【视图】菜单中的【大纲】命令，或单击 Word 窗口左下角【大纲视图】图标。

进入大纲视图后，大纲视图工具栏会自动显现出来，如图 4–16 所示。其中左 / 右 箭头按钮能够“提升”/“降低”文档级别，双向右箭头 表示文档直接降到“正文”级别；上 的/下 箭头的作用可以把光标当前的文字向上/下移一个自然段位置。 + / − 按钮表示展开/折叠光标所在标题以下的文字。 1 2 3 4 5 6 7 中任何一个按钮被按下，表示当前窗口文档将展开显示该级别以上的文字，该级别以下的文字将折叠隐藏。 全部(L) 按钮显示所有文档正文。 按钮按下后，文档将只显示每个自然段的首行。 按钮被按下后，大纲视图中的文档将显示其真实格式，如果未被按下，则无论是标题还是正文，都显示相同的字体和字号。

图 4–16 大纲视图工具栏

大纲视图工具栏中的按钮  是主控文档中的设置。在 Office 2000 以后的 Word 版本中，不再存在主控文档视图，原有的在主控文档视图编辑长文档的功能都集成到大纲视图里，可以通过大纲视图工具栏后部分按钮来实现。

主控文档可以很容易地组织和维护一个长文档，例如具有多个部分的报告或者具有多章的书。使用主控文档视图可以将多篇 Word 文档组成一篇主控文档，然后可对长文档进行更改（例如，添加索引或目录，或者创建交叉引用）而不用打开单个的文档。

用主控文档视图，可修订一篇较长文档的结构，亦可打开指定的子文档。如果要对几篇子文档做某些改动，可转换到普通视图。每篇子文档在普通视图中都作为主控文档的一节出现。

(4) 文档结构图

“文档结构图”是一个独立的窗格，能够显示文档的标题列表。使用“文档结构图”可以对整个文档进行浏览，同时还能够跟踪您在文档中的位置。单击“文档结构图”中的标题后，Word 就会跳转到文档中的相应标题，并将其显示在窗口的顶部，同时在“文档结构图”中突出显示该标题。单击【视图】菜单中的【文档结构图】命令，可出现文档结构图。

“文档结构图”中所显示内容的详细程度是可以定义的。例如，可以显示所有标题，也可以只显示级别较高的标题，或者显示或隐藏某个标题的详细内容。方法是鼠标右键在文档结构图中单击，会出现弹出式菜单，见图 4–17，显示至几级标题，单击数字即可。

图 4–17　设置文档结构图显示细度

您还可以设置“文档结构图”中标题的字体和字号，并更改突出显示活动标题时所使用的颜色。

[练习 4–3] 学习各种视图之间的切换，熟练掌握各种视图的特点。在页面视图查看页眉页脚，编辑图片；在大纲视图升级/降级标题级别，整块移动文字；打开文档结构图，编辑整理长文档。

4.2.9 目录的自动生成

目录自动生成的首要条件是文档中各章、节标题已采用 Word 内置标题设置，然后点击菜单中【插入】菜单下的【引用】中的【索引和目录】，将打开【索引和目录】窗口，点击【目录】标签，如图 4–18 所示，即可编制目录。在这个窗口中，可以设置进入目录的标题级别、是否显示页码、页码位置、目录中内容和页码之间的前导符，也可以通过【修改】按钮，设置目录中字体的样式等。点击【确定】后，目录就自动插入到文档中了。

利用目录，可以在联机文档快速漫游，即单击目录中的页码便可跳转到文档中的相应标题。

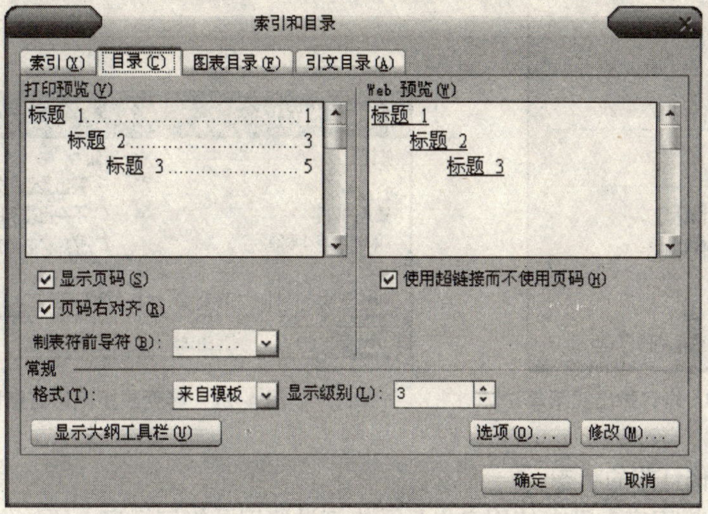

图 4-18 索引和目录设置窗口

[案例实践 4-13] 为案例实践报告生成目录，要求目录显示到三级标题。

4.2.10 修订设置

在文档处理过程中，同一个文档会经常由多个人审定、修改，最终成文，原始作者会希望知道每个审定者/修订者对原文的修改情况，以决定是否接受审定者的修改。在 Word 中，专门提供了修订设置。

修订者得到原始文档后，开启修订设置，他在原文上所做的修改都将突出显现在 Word 文档中。其设置步骤如下：通过菜单【工具】中【修订】子项，点击【突出显示修订】，打开【突出显示修订】窗口，选择【编辑时标记修订】，在此后的所有修改都将在文档中突出显示出来。

例如，凡是修订者修改过的行，在其行左端都会用竖线强调；凡是修订者删除的文字，将会用其他颜色字体显示，同时文字上被标有删除线；凡是审定者插入的文字，字体同样会用其他颜色来显示，文字下面自动标有下划线，用来强调。图 4-19 是带有修订的文字。

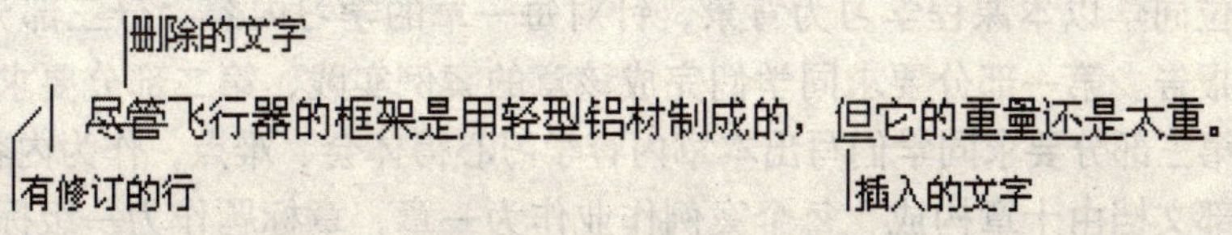

图 4-19 带有修订的文字

原作者拿到带有修订的文档之后，可以考虑是否接受修订者的修改。如接受，右键点击修订的文字，在弹出式菜单中选择【接受修订】，被修改的文字就不再突出显示，而是和其他正文一样了；如果不接受修改，选择【拒绝修订】，则修订者所做的修改将被删

图 4-20 修订弹出式菜单

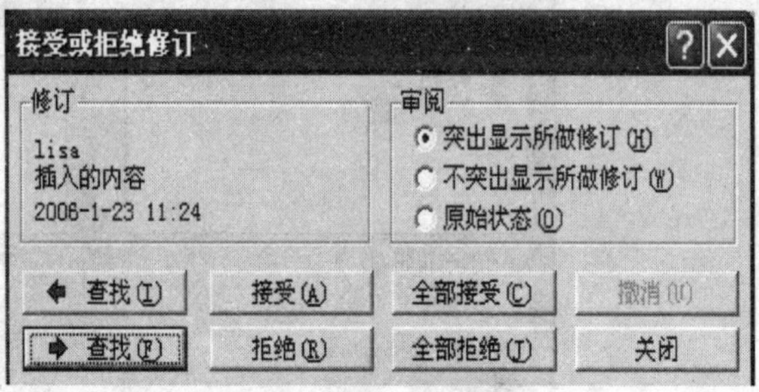

图 4-21 接受或拒绝修订窗口

掉，文档恢复修订前的状态。

如果修订者/审定者没有使用突出显示修订设置记录修订标识，原始作者也可以通过比较两个文档的方式，来发现哪些地方被修改过，以判定该修改是否恰当。

首先打开被修订或审定后的文档，点击【工具】中【修订】子项，点击【比较文档】命令，在【选择与当前文档比较的文件】窗口打开原始文档。如果文档的原始版本和编辑过的版本都未标记修订，Microsoft Word 在编辑过的副本中用修订标记标明区别于原始文档的修订。

如果两个版本之一有修订标记，Word 将显示一个消息框。请单击“是”来比较文档。

注意：如果已经用“文件”菜单中的“版本”命令在一个文件中保存文档的多个版本，并且要将当前版本与早期版本进行比较，请首先用不同的名称将早期版本保存为独立的文件。

[练习 4-4] 在文档中记录修订标记，并在屏幕上突出显示出来。

[练习 4-5] 比较两个没有加修订标记的文档，查看后一个版本所做的修订。

4.3 实践内容

要求每位同学以本课程学习为背景，针对每一章的学习内容，分三部分整理文档，做一份结课报告。第一部分要求同学们完成该章的案例实践，第二部分要求完成该章的所有练习，第三部分要求同学们写出本章内容学习心得体会、难点，作为内容。

要求全部文档由十章构成，每个案例作业作为一章，章标题作为一级标题出现。同学们在学习过程中至少有两本参考书，对于使用参考书的地方，作为参考文献给出，需要用尾注的形式实现。

每章的页眉由本章的章节号和标题共同构成，页脚包含文档的全部页码、当前页页码和本文档的创建时间；为文档中出现的图表、对象添加题注，文档需要自动生成目录和图表目录。

4.3.1 案例实践

[案例实践 4–1] 在计算机中创建一个普通的 Word 文档，搭建“案例实践”报告的框架。首先录入每章的名字、每小节的名字（不要加序号）以及一些文字内容。

[案例实践 4–2] 把所录入的文字都设定为正文。通过把正文样式修改为“宋体、小四号、首行缩进、行距 1.5 倍，自动更新”，来自动更新全部正文。

[案例实践 4–3] 把每章的章标题设为一级标题，节标题设为二级标题，节下面为三级标题。其中，一级标题样式为：小一号，（中文）黑体，加粗，居中，段落间距 18 磅，段后 30 磅，段前分页，与下段同页，段中不分页，一级，多级符号，自动更新；例“1. 简历编写；2. 著书立说……”二级标题样式为：三号，（中文）仿宋，（默认）Arial，加粗，悬挂缩进 1.02 厘米，多倍行距 1.73 字行，段落间距段前 13 磅，段后 13 磅，与下段同页，段中不分页，二级，多级符号，制表位 1.02 厘米，自动更新；例“1.1 案例背景；1.2 案例制作及技能要点……”三级标题样式为：小三号，（中文）楷体，加粗，悬挂缩进 1.27 厘米，多倍行距 1.73 字行，段落间距段前 13 磅，段后 13 磅，与下段同页，段中不分页，三级，多级符号，制表位 1.27 厘米，自动更新；例“1.2.1 样式制定；1.2.2 节……”四级标题样式为：四号，（中文）仿宋，加粗，悬挂缩进 1.52 厘米，多倍行距 1.57 字行，段落间距段前 6 磅，段后 6 磅，与下段同页，段中不分页，三级，多级符号，制表位 1.52 厘米，自动更新；例“(1) 样式；(2) 修改样式……”

[案例实践 4–4] 对已完成的案例，在每一章前面添加分节符。

[案例实践 4–5] 为案例作业添加页眉页脚。页眉内容要求是“管理办公自动化原理与技术（上）”，页脚左侧是专业和班级，中间位置是第 X 页共 Y 页，右侧是学号和姓名。

[案例实践 4–6] 把上例的页眉部分改为每章各不相同。即第一章是“管理办公自动化原理与技术（上篇）——简历编写”；第二章是“管理办公自动化原理与技术（上篇）——著书立说”……

[案例实践 4–7] 为案例实践报告添加至少 2 个尾注作为参考文献。要求在正文中指明某个练习是参考了哪本书中的哪页文字，注释部分按照“作者，名称，出版社/期刊杂志，公开发表时间，页码”的顺序列出参考文献，例如“吴晓雷，贺超英，王永军，张志永，东方阳，张劲松，陈受宜，盖钧镒. 大豆遗传图谱的构建和分析. 遗传学报，2001，28 (11)：1051~1061.”。

[案例实践 4–8] 在文档末端添加一级标题“参考文献”，要求去掉正文与尾注之间的分隔符。

[案例实践 4–9] 请利用 Word 的绘图工具绘制图 4–13，要求图中的文本框的线条都是无色的，所有图形都没有填充色，在绘制图形过程中建议把各个元素组合在一起，最后把所有的图素组合在一起，把整个图作为一个整体设置与周围文字的环绕关系。

[案例实践 4–10] 利用公式编辑器，在 Word 文档中添加下面公式。

[案例实践 4–11] 利用组织结构图控件，在 Word 中插入下列组织结构图。

[案例实践 4–12] 在案例实践作业中，为你所做的“学籍管理业务流程图”、“公式”、

“组织结构图”添加题注，要求题注包含章节号，并在所选对象的下面。

[案例实践 4–13] 为案例实践报告生成目录，要求目录显示到三级标题。

4.3.2 案例练习

[练习 4–1] 把实践范例中的标题做相应转换，在其他设置都不变的情况下，把一级标题变为“第一章 简历编写；第二章 著书立说……”；把二级标题变为“第一节 案例背景；第二节 案例制作及技能要点……”；把三级标题变为“一 样式制定；二 节……”；把四级标题变为“(一) 样式；(二) 修改样式……”

[练习 4–2] 试着作出奇偶页不同的页眉。

[练习 4–3] 学习各种视图之间的切换，熟练掌握各种视图的特点。在页面视图查看页眉页脚，编辑图片；在大纲视图升级/降级标题级别，整块移动文字；打开文档结构图，编辑整理长文档。

[练习 4–4] 在文档中记录修订标记，并在屏幕上突出显示出来。

[练习 4–5] 比较两个没有加修订标记的文档，查看后一个版本所做的修订。

4.3.3 实践范例

本教材的排版样式就是本案例的实践范例。

第5章 套用信函

本章将重点学习微软 Word 中表格的使用，掌握在 Word 环境中表格的各种使用方法，以及文档与表格的多种套用方法；同时掌握 Word 中模板的特性，以及如何设计和使用新的模板，使用 Word 的窗体控制等，达到尽可能规范化采集数据的目的。

5.1 案例背景

在现实生活中，我们通常会希望为一些人发送同一内容的信件。例如，校庆的时候，为校友们发送邀请函，邀请函的内容完全相同，包括校庆的具体活动安排、注意事项、问候语等，这些词句对每位校友都是一样的；不同的地方是需要正确称呼每个同学，即每封信的称呼应该是各位校友的名字。此时，可使用 Word 的套用信函功能。类似的应用还包括为一批人员颁发聘书等。

另外一种情景是在实际生活中，常常需要从许多人那里收集信息，同时反馈的信息需要符合一定的格式要求，或者给出固定的电子表格由调查者用电子版填写。在这两种情况下，调查者不希望被调查者修改现存的文档形式，而是在调查者规定的地方填写内容即可。此时，我们可以使用 Word 中模板定制、窗体控制功能。

本章内容基于微软 Office 中的 Word 系列软件，范例的制作都是基于 Word 2003，操作系统是 Windows XP Professional 2002。

5.2 案例制作及技能要点

本章案例要求完成熟练掌握表格的各种使用方法及用表格规范化文档布局，表格与文档的套用，模板的设置及利用 Word 的窗体设置来设计采集数据文档。

5.2.1 表格的使用

表格由多行和列单元格构成，在单元格中您可随意添加文字。也可使用表格根据列对齐数字，然后进行排序或计算。还可通过表格来安排文字和图形，如简历中的并排段落。Word 中表格和文本可以很方便地互相转换。要将原有文本转换为表格，请先选定这些文本，然后单击【表格】菜单下【转换】中的【将文本转换成表格】命令即可；把表格转换成文本时，在选中表格的情况下，则单击【表格】菜单下【转换】中的【将表格转换成文本】命令。

[练习 5–1] 选中几段文字，把它们转换成表格，之后再把表格转换成文本。

要创建简单的空白表格，请单击【常用】工具栏中的【插入表格】按钮，然后拖动鼠标，决定表格的行数和列数；或用菜单完成添加表格，单击菜单项【表格】，选择菜单项【插入】，点击【表格】，在弹出窗口设定表格的行数和列数。

要修改表格，请使用【常用】工具栏中的【表格和边框】按钮。【表格和边框】是个开关按钮，当它处于被按下状态时将显示【表格和边框】工具栏。

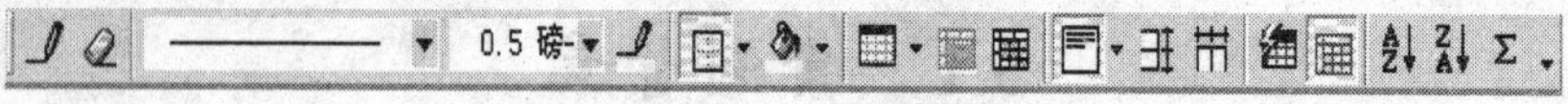

图 5–1 表格和边框工具栏

需要注意的是，Word 中有各种边框，在“简历编写”一章我们学习了文本边框、段落边框、页面边框等，这里将继续学习表格边框。

（1）表格的边框

默认情况下，表格边框设置为 0.5 磅的黑色单实线，线型和颜色都可以通过【表格和边框】工具栏【粗细】0.5 磅、【线型】和【边框颜色】按钮修改，包括线条粗细、线型和边框颜色。【外部框线】按钮是个开关按钮，点按之后见图 5–2。可以设置光标所在位置单元格或整个表格的框线。

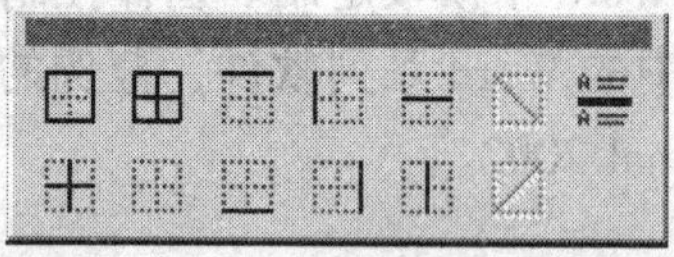

图 5–2 “外部边框”板中的边框工具

注意：在图 5–2 中，黑色实线表示将在单元格中画出的线，虚线表示只在编辑的时候显示为虚框但在打印情况下不显示的表格线。基于表格的这一特性，我们就可以用表格的虚框来规划文档显示格局，但在打印时却不显示出来。

在有些表格中，通常需要画一些斜线。在【外部框线】工具栏，专门设置了斜线，这种斜线可以从左上到右下，见表 5–1 中带斜线的表格，也可以从右上到左下。但这种斜线只是在编辑和打印的时候能够显示出来，在 Word 中并没有把斜线的两侧作为两个独立的单元格。这时如果希望在斜线的两侧都写入不同的内容，可以有两种方法：

第一种方法：在斜线两侧将要输入的字数不太多的情况下，可以用 Word 总的换行标识，把内容分作两行，第一行设置为居右显示；第二行设置为居左显示，如表 5–1 的左一单元格所示。

第二种方法：在适当的位置插入文本框，把文本框的框线设置为“无”，也可以做到文字显示到斜线的两侧。

表 5–1　带斜线的表格

科目 / 姓名	英语	高等数学	计算机应用实践
刘丽	89	78	92
张明	77	89	90

除了用【外部框线】中的按钮画斜线外，还可以直接用【表格和边框】工具栏中的【绘制表格】按钮 来画斜线。【绘制表格】按钮除了画斜线以外，还可以分割单元格。用它画的横线或竖线，可以直接把原来的单元格一分为二。

与【绘制表格】按钮对应的是【擦除】按钮 。【擦除】按钮除了能擦除表格中的线以外，还能合并单元格。

[练习 5–2]　在 Word 文档中插入如表 5–1 的 3 行 4 列的表格，完成下列功能：

表格四周边框是 2.25 磅线，内部都是 0.5 磅线，线的颜色是自动设置的，左一单元格上有斜线。

（2）单元格拆分与合并

单元格拆分是将表格中的一个单元格拆分成多个单元格。这个功能除了可以通过工具栏上【绘制表格】按钮实现外，还可以在选定单元格后，单击【拆分单元格】按钮 来实现。

所谓合并单元格是把同一行或同一列中的两个或多个单元格合并为一个单元格。例如，可以横向合并单元格以创建横跨多列的表格标题。合并单元格除了用【擦除】按钮以外，还可以通过选定单元格，然后单击【表格和边框】工具栏上的【合并单元格】按钮快速合并多个单元格。

[练习 5–3]　在上个练习的基础上，把“英语、高等数学、计算机应用实践”3 个单元格拆分为 6 个，把拆分后第一行的 3 个单元格合并，并填入“成绩”；同样道理，完成第一列的拆分合并工作，最后如表 5–2 所示。

表 5–2　带拆分与合并单元格的表格

<table>
<tr><td colspan="2" rowspan="2">科目 / 姓名</td><td colspan="3">成　　绩</td></tr>
<tr><td>英语</td><td>高等数学</td><td>计算机应用实践</td></tr>
<tr><td rowspan="2">051 班</td><td>刘丽</td><td>89</td><td>78</td><td>92</td></tr>
<tr><td>张明</td><td>77</td><td>89</td><td>90</td></tr>
</table>

（3）表格文字对齐方式

在前面章节中，我们学习了文档的几种横向对齐方式：居左对齐、两端对齐、居中对齐、居右对齐、分散对齐。在表格中，又新增了竖向的对齐方式：顶端对齐、中部对齐和底端对齐。Word 工具栏中预设了九种常用的横向和竖向对齐方式，见图 5-3 九种预设的对齐方式。

图 5-3 九种预设的对齐方式

［练习 5-4］把表 5-2 中“英语、高等数学、计算机应用实践”、“051 班”四个单元格设置为“中部居中”。

［练习 5-5］把表 5-2 中表格边框线全都设置为虚线，要求在编辑的时候显示虚框，在打印或打印预览的时候看不到框线。

（4）*表格属性以及行列插、删*

表格、行、列、单元格属性、对齐方式以及和周围文字的环绕关系都可以用【表格】菜单中【表格属性】项的弹出窗口设置，如图 5-4 所示。

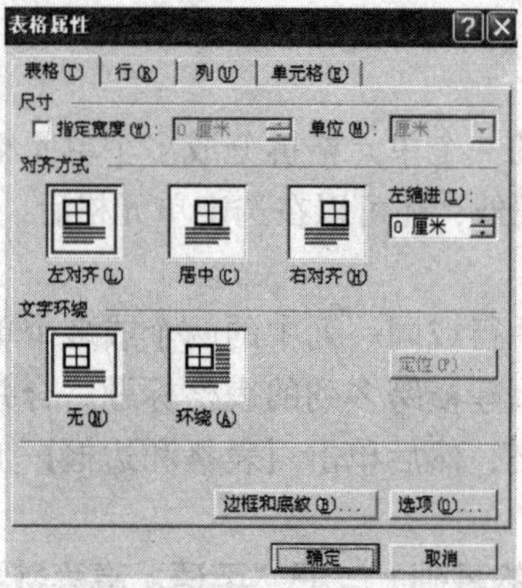

图 5-4 表格属性设置

Word 软件中的表格最小控制单位是单元格，因此，可以随时插入或删除一个或多个单元格。Word 提供了单个单元格、一行单元格、一列单元格的插入删除方式。这些功能可以通过【表格】菜单中【插入】/【删除】子项来实现。

［练习 5-6］在表 5-2 的表格中插入 052 班 2 个学生的成绩（姓名以及成绩自拟），在成绩下面增添一列“总分”。

表 5-3 为表格增加一列

科目 / 姓名		成绩			
		英语	高等数学	计算机应用实践	总分
051 班	刘丽	89	78	92	

续表

姓名	科目	成　　绩			
		英语	高等数学	计算机应用实践	总分
051 班	张明	77	89	90	
052 班	刘明	76	66	84	
	张东	88	68	87	

（5）表格内容排序和求和

Word 不是专门处理表格的软件，但它可以实现一些基本功能。例如，表格内容按照字母、数值或日期顺序进行排序，或对表格中某些数据进行简单运算。

要进行排序的表格，必须没有合并的单元格，例如本教材中表 5–2 中的表格就不能再进行排序了。进行排序时，光标停留在待排序的表格中，点击菜单项【表格】下的选项【排序】，进入【排序】窗口。在【排序依据】选项，会列出当前表格所有的列，这里可以确定哪些列作为首选的排序依据，哪些列作为第二选项……排序方法可以按照【笔画】、【数字】、【日期】、【拼音】的【递增】、【递减】进行，如图 5–5 所示。

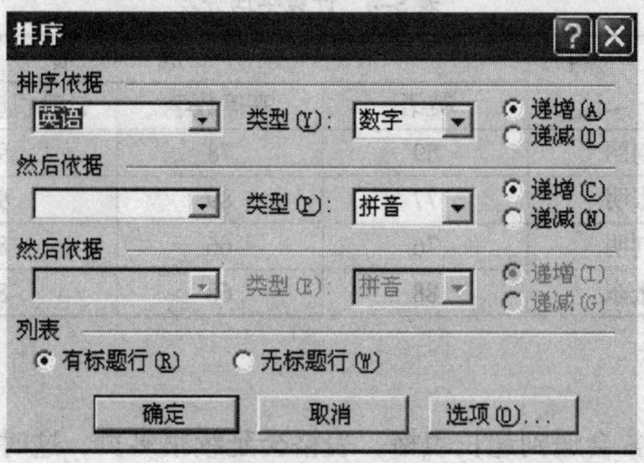

图 5–5　表格排序

除了用菜单方法以外，也可以使用【表格和边框】工具栏上的【升序】/【降序】按钮完成。

在 Word 表格中可以进行简单的数据计算。例如，进行数字求和，光标停留在放置计算结果的位置，然后单击【表格和边框】工具栏上的【自动求和】按钮，计算结果将出现在单击的单元格中。如果希望进行其他计算，例如计算平均值，则必须使用菜单中【表格】的【公式】选项。进入【公式】窗口后，可以通过粘贴函数选项选择所需要的函数。函数的括号里，Word 使用常量 left，above，right 等关键字，表示计算范围。在这个窗口同样可以定义计算结果显示的数字格式，见图 5–6。

［练习 5–7］用 Word 中的公式功能计算［练习 5–6］在表 5–2 表格中插入 052 班 2 个学生的成绩（姓名以及成绩自拟），在成绩下面增添一列“总分”。

表 5–3 中表格内各位同学的总分。

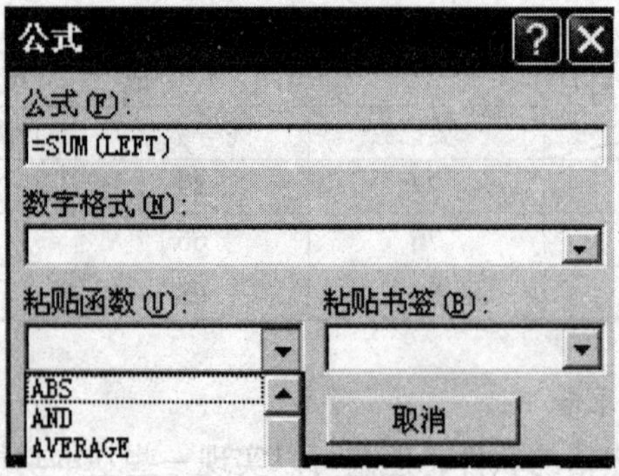

图 5-6 设置公式

[练习 5-8] 把 [练习 5-6] 在表 5-2 表格中插入 052 班 2 个学生的成绩（姓名以及成绩自拟），在成绩下面增添一列“总分”。

将表 5-3 中表格的最后一列改为“平均分”，用 Word 中的公式功能计算各位同学的平均分。

表 5-4 计算平均分

科目 / 姓名		成绩			
		英语	高等数学	计算机应用实践	平均分
051 班	刘丽	89	78	92	86.33
	张明	77	89	90	85.33
052 班	刘明	76	66	84	75.33
	张东	88	68	87	81

（6）表格标题

现实生活中，常常会遇到超长表格，表格会延续很多页，这时如果人工为每页增加一个表格标题行，会很麻烦。Word 中预置了表格标题行重复的设置，可以使得表格标题行自动在后继各页重复。

操作方法：选定要作为表格标题的一行或多行文字，选定内容必须包括表格的第一行。单击【表格】菜单中的【标题行重复】选项就可以了，重复的表格标题只能在页面视图中查看。

[练习 5-9] 增加表 5-4 中表格的行数，使其超过一页，为这个表格设置重复的标题行。

5.2.2 套用信函

现实生活中经常会有这样的情况，即为许多人发送同一内容的文件，如邀请函、通知单、聘书、毕业证书等。这类功能在 Word 中是通过【工具】菜单下【信函与邮件】中的【邮件合并】命令实现的。邮件合并还包括多种功能，如套用信函、邮件标签、信封等，这里重点介绍套用信函功能。

所谓套用信函，是两个 Word 文档中内容互相套用。因此，在套用信函应用中，必须包含两个 Word 文档，其中，包含相同内容的文档称为合并主文档，包含信函接受者的文档称为数据源文档。

主文档中包含对每个版本的合并文档都相同的文字和图形，例如主文档中可以包括信件的内容及回信地址等。

对于在信函中需要针对不同收信人而不断变化的收信人姓名、街道名称、地市名称、州名和邮政编码的位置区等信息，则从数据源文档中获得。图 5-7 中展现了套用信函中用到的数据源、主文档、邮件标签以及信封文档等。

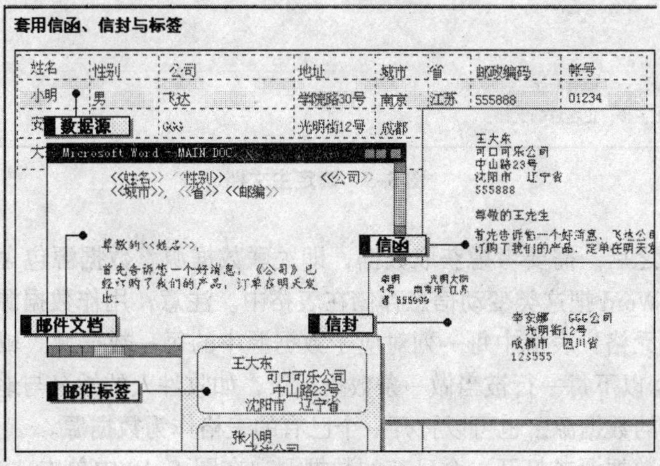

图 5-7　套用信函

创建套用信函时，首先完成主文档的编写，例如先录入邀请函的正文。在主文档窗口，单击【工具】菜单中的【邮件合并】，则进入【邮件合并】窗口。在选择文档类型选项中，选择【信函】选项，参见图 5-8。

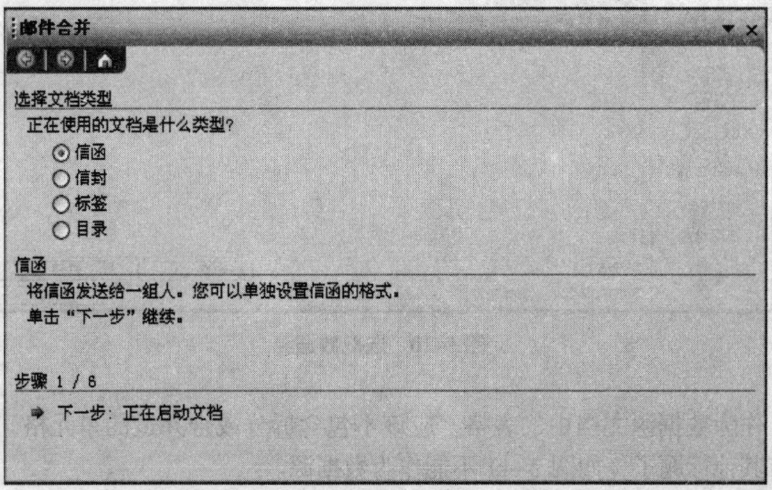

图 5-8　创建套用信函

点击【信函】之后，点击下一步，即可按照 Word 所提供的步骤进行。在步骤 3 时，需要选择相应的数据源。如图 5-9 所示：

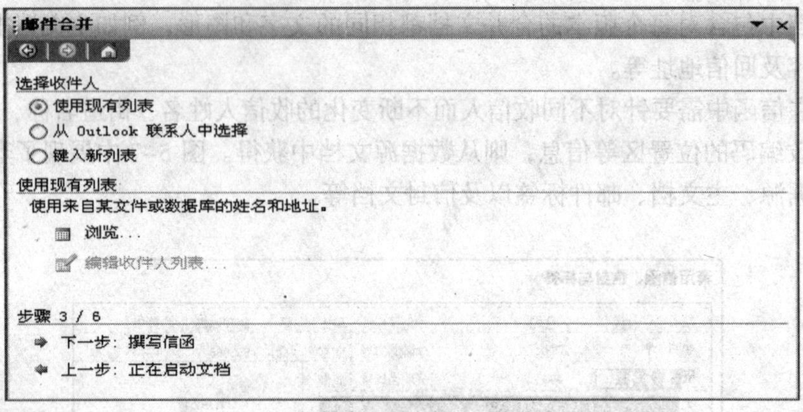

图 5-9 确定主文档

主文档建立之后，需要考虑获取数据，即关联数据源。数据源包含所合并文档中需要变动的信息，Word 把这类变动信息存储在表格中。注意，用作数据源的表格不能有拆分、合并过的单元格！表格中每一列对应于数据源中的每一数据域。域名列于表格的第一行（域名行）。以下每一行被当做一条数据记录，如收件人的姓名与地址等。在主文档中可以建立这样的数据源，也可以打开一个已有的表格作为数据源。

要创建新的数据源或打开一个已有的数据源，在图 5-10 中单击“浏览”，选择相应的数据源即可。这里假定已经建立了数据源文件，只需要单击“浏览”，在打开文件窗口选择一个包含表格的 Word 文件即可（如图 5-11 所示）。

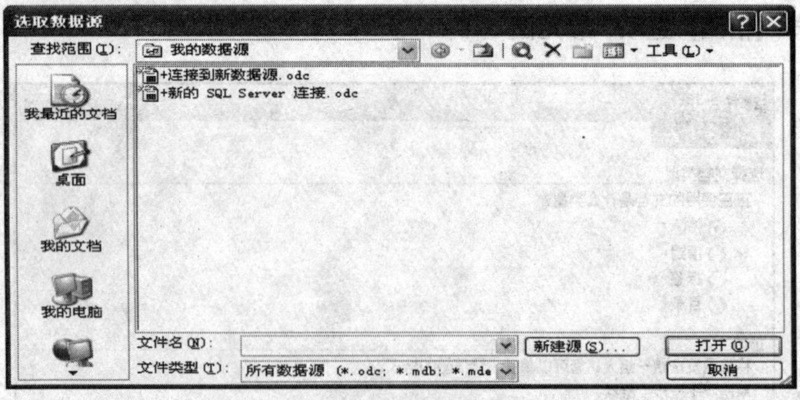

图 5-10 选取数据源

注意：作为数据源文档中的表格，应该不包含拆分或合并过的单元格，表格之上也不应该再有其他标题了，如图 5-11 不能作为数据源。

管理学院办公电话一览表

名　称	房间号	电　话
学院办公室	324	2763
(传真机)	333	3582
分党委办公室	321	2745
值班室	122	2710

图 5-11　不能作为邮件合并中数据源的表格

确定一个有效的数据源文件之后，主文档中会自动出现【邮件合并】工具栏。参见图 5-12。

图 5-12　邮件合并工具栏

插入主文档的合并域，是用双尖括号括起来的数据源列名字，且在屏幕上显示有灰底的域形式（但在打印预览和打印的时候，并不能显示出灰底），如《学生姓名》、《考试科目》。为了显示合并后文档的具体内容，可以通过工具栏上【查看合并数据】按钮  来查看，这是一个开关按钮，处于按下状态时，主文档中灰色合并域就会显示数据源表格中该列第一行的信息。如希望显示其他行信息，可以点击工具栏中 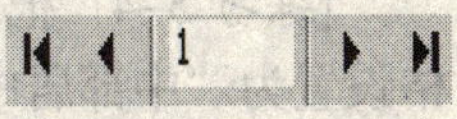 按钮来查找。这时，就可以查看合并后的文档了。如果希望把合并后的文档放到一个新文档中，可以直接单击工具栏中按钮  来实现；如果希望把合并后的文档直接在打印机上输出，直接单击  即可实现。

[案例实践 5-1]　创建两个新的 Word 文档，一个文档作为邮件合并的主文档，内容为补考通知单，另外一个文档作为数据源文档，有补考同学的姓名、补考科目、原来成绩、补考时间、地点等信息。用邮件合并功能，为每个需要补考的同学发一封补考通知单，在通知单中注明补考的科目、时间、地点，如图 5-13 所示。

[案例实践 5-2]　为本班同学每人发一份邀请信，请他们参加校庆活动。要求案例中包括每个学生的姓名、通信地址、邮政编码、电话、电子邮件等基本信息。也可以仿照范例制作聘书或奖励证书。要求数据源数据至少十条。

5.3　实践内容

本章的实践内容主要是表格和邮件合并功能的使用，都已经体现在案例实践和案例练习中。

5.3.1 案例实践

［案例实践 5–1］创建两个新的 Word 文档，一个文档作为邮件合并的主文档，内容为补考通知单，另外一个文档作为数据源文档，有补考同学的姓名、补考科目、原来成绩、补考时间、地点等信息。用邮件合并功能，为每个需要补考的同学发一封补考通知单，在通知单中注明补考的科目、时间、地点，如图 5–13 所示。

［案例实践 5–2］为本班同学每人发一份邀请信，请他们参加校庆活动。要求案例中包括每个学生的姓名、通信地址、邮政编码、电话、电子邮件等基本信息。也可以仿照范例制作聘书或奖励证书。要求数据源数据至少十条。

5.3.2 案例练习

［练习 5–1］选中几段文字，把它们转换成表格，之后再把表格转换成文本。

［练习 5–2］在 Word 文档中插入如表 5–1 的 3 行 4 列的表格，完成下列功能：表格四周边框是 2.25 磅线，内部都是 0.5 磅线，线的颜色是自动设置的，左一单元格上有斜线。

［练习 5–3］在上个练习的基础上，把“英语、高等数学、计算机应用实践”3 个单元格拆分为 6 个，把拆分后第一行的 3 个单元格合并，并填入“成绩”；同样道理，完成第一列的拆分合并工作，最后作业如表 5–2 所示。

［练习 5–4］把表 5–2 中“英语、高等数学、计算机应用实践”、“051 班”四个单元格设置为“中部居中”。

［练习 5–5］把表 5–2 中表格边框线全都设置为虚线，要求在编辑的时候显示虚框，在打印或打印预览的时候看不到框线。

［练习 5–6］在表 5–2 表格中插入 052 班 2 个学生的成绩（姓名以及成绩自拟），在成绩下面增添一列“总分”。

［练习 5–7］用 Word 中的公式功能计算［练习 5–6］在表 5–2 表格中插入 052 班 2 个学生的成绩（姓名以及成绩自拟），在成绩下面增添一列“总分”。

［练习 5–8］把［练习 5–6］在表 5–2 表格中插入 052 班 2 个学生的成绩（姓名以及成绩自拟），在成绩下面增添一列“总分”。

［练习 5–9］增加表 5–4 中表格的行数，使其超过一页，为这个表格设置重复的标题行。

5.3.3 实践范例

以下是某学校期末不及格同学名单：

表 5–5 不及格同学数据源

学生姓名	考试科目	成绩	补考地点	补考日期	补考时间
田田纨	高等数学	52	学楼 407	2002 年 9 月 11 日	9：00
齐兴贵	高级会计	50	主楼 204	2002 年 9 月 11 日	9：00

续表

学生姓名	考试科目	成绩	补考地点	补考日期	补考时间
郭茂江	数据库原理	49	主楼 225	2002 年 9 月 11 日	9：00
曹孟博	管理信息系统	37	学楼 201	2002 年 9 月 11 日	13：30
赵士谦	数据结构	28	学楼 401	2002 年 9 月 11 日	13：30
凌晓东	C 语言	55	学楼 103	2002 年 9 月 11 日	13：30

实际应用时，可以使用套用信函，把以上数据插入到主文档补考通知单中，就可以得到寄送给学生的通知单。同时，也为以后的管理保留了数据。

以下是该校的补考通知单。其中，画横线的隶书文字如学生姓名、考试科目、成绩、补考时间、报考地点等是从数据源中引用来的，其他文字是补考通知单中固有的。

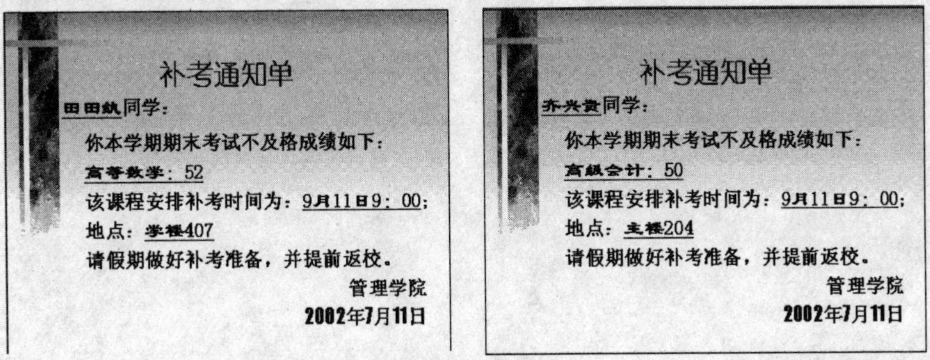

图 5-13　补考通知单

第6章 采集数据

本章通过应用Word文档来进行标准化数据采集，掌握在微软Word环境中Word模板的定制和使用，窗体设计、保护，文档加密等。

6.1 案例背景

在实际数据采集的应用过程中，常常需要反馈的信息符合一定的格式要求，或者给出固定的电子表格由调查者用电子模板填写。在这两种情况下，调查者不希望被调查者修改现存的文档形式，而是在调查者规定的地方填写内容即可。此时，我们可以使用Word中模板定制、窗体控制功能。

本章内容基于微软Office中的Word系列软件，范例的制作都是基于Word 2003，操作系统是Windows XP Professional 2002。

6.2 案例制作及技能要点

本次案例要求学生掌握模板定制、窗体控制等内容，达到尽可能规范化采集数据的目的。

6.2.1 模板概述

任何Microsoft Word文档都是以模板为基础的。模板决定文档的基本结构和文档设置，例如自动图文集词条、字体、快捷键指定方案、宏、菜单、页面布局、特殊格式和样式。模板的两种基本类型为共用模板和文档模板。共用模板包括Normal模板，所含设置适用于所有文档。文档模板（例如“新建”对话框中的备忘录和传真模板）所含设置仅适用于以该模板为基础的文档。例如，如果用备忘录模板创建备忘录，备忘录能同时使用备忘录模板和任何共用模板的设置。Word提供了许多文档模板，您也可以创建自己的文档模板。

创建自定义的文档模板好处是当任何其他用户使用这个文档模板创建Word文件的时候，就会遵循该模板定制的文档样式方案，如正文字体大小、段落行距、标题样式等，对标准化采集数据有极大的帮助。

要创建新的文档模板，可以遵循下列步骤：

第一步：可以根据已有文档创建一个新模板，请单击【文件】菜单中的【打开】命令，然后打开所需文档；或者，可以根据已有模板创建一个新模板，请单击【文件】菜单中的【新建】命令。此时，页面的右边出现新建命令的选项。单击【新建】栏下的【模板】下的【本机上的模板】，单击与要创建的模板相似的模板然后单击【确定】按钮，这时将进入一个 Word 文档界面。

第二步：在新进入的 Word 文档界面，添加所需的文本和图形（添加的内容将出现在所有基于该模板的新文档中），并删除任何不需要的内容，改变页边距设置、页面大小和方向、样式及其他格式，加入所有希望在模板中增加的设置。

第三步：单击【文件】菜单中的【另存为】命令。在【保存类型】框中，单击【文档模板】。如果保存的是已创建为模板的文件，则该文件类型已被选中。“Templates”文件夹是【保存位置】框中的默认文件夹。要使模板出现在【常用】选项卡以外的其他选项卡中，请切换到“Templates”文件夹中的相应子文件夹。

第四步：在【文件名】框中，键入新模板的名称，然后单击【保存】按钮。

一个新的模板就创建了。

注意：如果将模板保存于“Templates”文件夹，那么单击【文件】菜单中的【新建】命令时，该模板将出现在【常用】选项卡中。对于 Windows XP，在默认情况下，“Templates”文件夹位于“C：\Documents and Settings\用户名\Application Data\Microsoft\”中。如果要在【新建】对话框中创建自定义的选项卡，请在“Templates”文件夹中新建文件夹，然后在此文件夹中保存模板。该文件夹的名字将出现在新的选项卡中。

[案例实践 6-1] 请设计一个“发表论文样式模板”。要求：新建一个 Word 文档时，可以在新建窗口中选择用该模板创建文档。在这个模板中，设计如下样式：

正文标题：中文宋体，英文 Times New Roman，二号字，加粗，文字居中；

作者姓名：中文宋体，英文 Georgia，小四号字，加粗，居中；

作者单位：中文宋体，英文 Georgia，小五号字，斜体，居中；

摘要和关键字：中文宋体，英文 Georgia，五号字，加粗，两端对齐；

论文正文：中文宋体，英文字体为 Times New Roman，五号，首行缩进两个中文字符，单倍行距；

一级标题：中文宋体，英文 Times New Roman，四号字，加粗，两端对齐，单倍行距，采用多级编号 X.（1.、2.、3. ……）；

二级标题：中文宋体，英文 Times New Roman，五号字，加粗，两端对齐，单倍行距，采用多级编号 X.X（1.1、1.2、2.1、2.2、2.3……）；

三级标题：中文宋体，英文 Times New Roman，五号字，两端对齐，单倍行距，采用多级编号 X.X.X（1.1.1、1.2.1、2.1.1、2.2.1、2.3.1……）；

参考文献：中文宋体，英文 Times New Roman，小五号字，两端对齐，单倍行距。

6.2.2 窗体

用 Word 可创建以下窗体：在 Web 站点上使用的窗体；可用 Word 查看的窗体；用电子邮件发布或在网络上传递的窗体；可以打印和填写的窗体。这里只介绍供打印或在 Word 中查看的窗体，感兴趣的同学可以学习其他窗体。

（1）窗体组成

如果要创建窗体，可以先草拟出窗体的布局，或用已有的窗体作为设计新窗体的参考。使用 Word 填写窗体的优点在于：Word 可以自动检验用户输入的内容（例如职员编号），根据在域中输入的内容更新其他相关的域（例如某个邮政编码所对应的城市和地区）并提供帮助信息，因而使窗体更易于填写。

许多窗体（如合同）只含有文字，并带有插入在文档中的窗体域，用于采集信息。其他窗体是以网格为基础的，可在网格中综合使用多种功能，例如用表格对齐文字、用边框标识要填写的文字区以及设置底纹以强调标题和其他特殊元素，以使窗体更具吸引力、更易于使用。

如果您已经有了关于窗体外观的粗略构思，就可以用下述 Word 功能来帮助您设计并建立窗体：

前一个章节已经介绍过，用表格进行页面定位是比较方便的，在勾画窗体的时候，也建议使用表格定位，如果不希望看见表格线，可以采用虚线。同时，对于需要在某一特殊位置增加的文本，可以使用【绘图】中的“文本框”。

窗体通常由下列内容组成：

①无法更改的文字或图形：为窗体设计者所设计和录入，如插入希望得到回答的问题、备选答案的选项列表，等等。

②被采集的信息区域：从问卷回答者处收集的信息，在分发问卷时，这些区域是空白区域。窗体设计者根据需要设定的用于收集数据的位置。这些部分就是用 Word 的窗体域或 Active X 控件实现的。

窗体工具栏可以通过【视图】菜单中【工具栏】子菜单中的【窗体】菜单命令来调出。或者，鼠标停留在工具栏区域，点击鼠标右键，在弹出式菜单中点击【窗体】菜单命令，调出【窗体】工具栏，见图 6–1。

图 6–1 窗体工具栏

[案例实践 6–2] 考虑这样一个情景：你是某高校管理学院的一名教学秘书，需要帮助教学院长重新编撰本科教学大纲。由于教学大纲是由各任课老师根据国家教委教学基本要求再结合本学科最新理论发展而制定的，因此，教学秘书需要制定一个教学大纲采集窗体模板分发给各位任课老师，由任课老师填写电子版后，再由教学秘书统一排版、装订成册，成为学校教学的基本纲要性文档。

仿照实践范例，在新建的空白 Word 文档中创建一个表格，由于在打印的正式文档中不希望看见表格线，这里的表格采用虚线，并录入表格中的文字。

（2）窗体控件

【窗体】工具栏中包含了窗体设计中常用到的几种控件，这些控件可以作为文档中插入的窗体域，用于接收信息。

编辑窗体时，先单击文档中需要插入窗体域的位置，再单击【文字型窗体域】ab| 按钮，在文档中就会出现一个窗体域。鼠标停留在窗体域内点击鼠标右键，在弹出菜单中选择【属性】子项，即进入【文字型窗体域选项】窗口，见图 6–2。在该窗口中，可以设置文字型窗体域的类型和长度，也可以指定一个默认输入项，如果不需要更改内容，就不必自行键入。

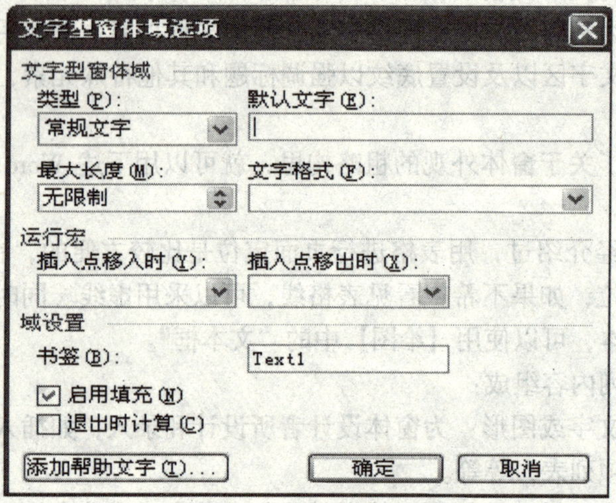

图 6–2　文字型窗体域选项

在数据采集过程中，经常需要从若干已知选项中选中其中的一个或多个，这种情况用【复选框窗体域】最好，即在插入点单击【复选框窗体域】按钮即可。复选框的属性可以在弹出式菜单或通过点击【窗体】工具栏的【属性】按钮来设置。

对于“多选一”的情况，Word 窗体可以采用插入【下拉列表框】的形式完成，能将有效选项限制为指定的选项。如果需要，用户可以滚动列表，查看并选择。具体实现方式是在插入点单击【窗体】工具栏的【下拉列表框】按钮。

注意：在联机窗体被用户使用之前，应对其加以保护。方法是：单击【窗体】工具栏上的【保护窗体】按钮。保护后，用户可以在有窗体域的位置填写内容，但不能更改窗体的版式和元素。如果要修改窗体，请再次单击【保护窗体】按钮，解除对窗体的保护。

[案例实践 6–3] 在上例完成的表格中，填入窗体域控件，并对控件内的格式进行规定，具体每个窗体域的格式信息在实践范例已经用脚注标识出来了。按照实践范例的样式，完成窗体域的插入。

(3) Active X 控件

除了使用【窗体】工具栏中的简单控件外，还可以使用【控件工具箱】工具创建的控件，如复选框、列表框或命令按钮等，见图 6-3。【控件工具箱】的调用方法与【窗体】工具栏的调用方法相同，都可以通过菜单中选项或鼠标右键的弹出菜单来完成。

图 6-3 控件工具箱

这些控件可给用户提供写入程序的接口，即可以插入可自动执行任务的宏。其中的【其他控件】按钮  就是插入 Active X 控件的接口。点击这个按钮，可以看到 200 多种 Word 可调用的控件，这些控件均可使用在 Word 文档的窗体设计中。

需要注意的是，Word 中的程序使用的是 Visual Basic for Applications 语言，基本沿用了 Visual Basic 语言的语法特点。因而，如希望在 Word 中加入更多自己设置的自动功能，可以考虑用 Visual Basic for Applications 语言编写程序或使用更加灵活的控件。

[案例实践 6-4] 在上述案例实践中，由于“课程性质”一项是在四个选项中选择一个，所以应用了【控件工具箱】中的【多选一】圆按钮 ⊙，这个按钮的特点就是能在一组同类按钮中，保证只有一个选项被选中。

6.2.3 窗体模板

窗体设计完成之后，如果希望能够用它来采集数据，还需要把它另存为模板文件 (. dot)。这样，需要填报数据的人，只需要用这个模板文件新建一个 Word 文档，就可以按照窗体设计者的格式要求来填报数据了。

需要注意的是，在保存为模板文件之前，应该把已经创建好的窗体保护起来，以防止填报数据的人修改文档样式。方法如下：

①创建完窗体后，单击【窗体】工具栏上的【保护窗体】🔒按钮，这时用户只能在窗体域中输入信息，而不能修改其他内容了；而设计或修改窗体时一定不要保护窗体。

②另外，窗体域都设有底纹，以便于联机识别。也可以打开或关闭窗体域底纹，方法是：单击【窗体】工具栏上的【窗体域底纹】 a 按钮即可。

③保存并关闭模板。

[案例实践 6-5] 对已经完成的窗体框架加入【保护窗体】设置。体会一下，这时的光标只能在窗体域之间调转，不能停留在非窗体域上。

[案例实践 6-6] 把保护后的窗体另存为模板文件，并关闭文档。重新启动 Word 软件之后，用“教学大纲”模板新建一个文档，体会一下各位老师拿到文档模板之后录入教学大纲时可能还会遇到什么问题。

[案例实践 6-7] 完成教学秘书编撰教学大纲的任务。假设各位老师已经把教学大纲内容填写完毕，并把电子稿交回到教学秘书手中。教学秘书要把所有的教学大纲合并到

一个文档中，并插入封面、目录、页眉、页码等内容。你把这最后的工作也完成了吧。

6.3 实践内容

本案例要求模仿给出的范例制作一个采集课程大纲的模板，并最终完成教学大纲的编撰工作。

6.3.1 案例实践

［案例实践 6-1］请设计一个“发表论文样式模板”。要求：新建一个 Word 文档时，可以在新建窗口中选择用该模板创建文档。在这个模板中，设计如下样式：正文标题：中文宋体，英文 Times New Roman，二号字，加粗，文字居中；作者姓名：中文宋体，英文 Georgia，小四号字，加粗，居中；作者单位：中文宋体，英文 Georgia，小五号字，斜体，居中；摘要和关键字：中文宋体，英文 Georgia，五号字，加粗，两端对齐；论文正文：中文宋体，英文字体为 Times New Roman，五号，首行缩进两个中文字符，单倍行距；一级标题：中文宋体，英文 Times New Roman，四号字，加粗，两端对齐，单倍行距，采用多级编号 X.（1.、2.、3. ……）；二级标题：中文宋体，英文 Times New Roman，五号字，加粗，两端对齐，单倍行距，采用多级编号 X.X（1.1、1.2、2.1、2.2、2.3……）；三级标题：中文宋体，英文 Times New Roman，五号字，两端对齐，单倍行距，采用多级编号 X.X.X（1.1.1、1.2.1、2.1.1、2.2.1、2.3.1……）；参考文献：中文宋体，英文 Times New Roman，小五号字，两端对齐，单倍行距。

［案例实践 6-2］考虑这样一个情景：你是某高校管理学院的一名教学秘书，需要帮助教学院长重新编撰本科教学大纲。由于教学大纲是由各任课老师根据国家教委教学基本要求再结合本学科最新理论发展而制定的，因此，教学秘书需要制定一个教学大纲采集窗体模板分发给各位任课老师，由任课老师填写电子版后，再由教学秘书统一排版、装订成册，成为学校教学的基本纲要性文档。仿照实践范例，在新建的空白 Word 文档中创建一个表格，由于在打印的正式文档中不希望看见表格线，这里的表格采用虚线，并录入表格中的文字。

［案例实践 6-3］在上例完成的表格中，填入窗体域控件，并对控件内的格式进行规定，具体每个窗体域的格式信息在实践范例已经用脚注标识出来了。按照实践范例的样式，完成窗体域的插入。

［案例实践 6-4］在上述案例实践中，由于“课程性质”一项是在四个选项中选择一个，所以应用了【控件工具箱】中的【多选一】圆按钮 ，这个按钮的特点就是能在一组同类按钮中，保证只有一个选项被选中。

［案例实践 6-5］对已经完成的窗体框架加入【保护窗体】设置。体会一下，这时的光标只能在窗体域之间调转，不能停留在非窗体域上。

［案例实践 6-6］把保护后的窗体另存为模板文件，并关闭文档。重新启动 Word 软

件之后，用“教学大纲”模板新建一个文档，体会一下各位老师拿到文档模板之后录入教学大纲时可能还会遇到什么问题。

[案例实践 6–7] 完成教学秘书编撰教学大纲的任务。假设各位老师已经把教学大纲内容填写完毕，并把电子稿交回到教学秘书手中。教学秘书要把所有的教学大纲合并到一个文档中，并插入封面、目录、页眉、页码等内容。你把这最后的工作也完成了吧。

6.3.2　实践范例

表 6–1 是一个课程大纲的模板。每次学校组织重新编写教学大纲的时候，都会因为各位教师上交的教学大纲格式不统一而增添许多工作。通过学习本案例，同学们可以为教师们制定一个课程大纲的电子模板，要求使用“文字型窗体域”、“多选一”圆点控件、“复选框型窗体域”、“下拉型窗体域”，并预先规定“文字型窗体域”的字体、字号，在“课程主要内容”与“教材与参考书名”下方的待填域中，加入自动项目编号。

此范例中为便于同学们练习，增加了题注，用于指导本次作业的完成。同学们在制作本案例的时候不必加入题注。

在实际使用时，窗体中表格可以用虚线，编辑的时候可以看见，打印的时候不会出现。这里为了说明清楚，采用了实线表格。

表 6–1　教学大纲模板

课程名称：	[　　]①		
英文名称：	[　　]		
开课单位：	[管理学院管理科学与工程系]②		
总学时：	[　　]③	讲授学时：	[　　]
上机学时：	[　　]	试验学时：	[　　]
课程性质：	○人社管必修　○数自计必修　○学科基础必修 ○专业必修　○专业选修　●实践教学		
授课对象：	□信息管理与信息系统□会计□工商管理□经济贸易□金融		
先修课程：	[　　]		
课程主要内容：			
1. [　　]④			
教材与参考书名（包括编，译者，出版单位，出版日期）			
[　　]⑤			

① 文字型窗体域：仿宋，四号字，加黑，标题。

② 下拉型窗体域：仿宋，小四号字，预设管理学院五个系的名字：管理科学与工程，工商管理系，经济贸易系，财务会计系，金融工程系。

③ 文字型窗体域：Times New Roman，小四号字。

④⑤ 文字型窗体域：仿宋，小四号字，加入自动编号。

第7章 成绩统计

本章开始学习微软办公系列软件中的Excel软件。Excel软件的功能体现在表格处理和强大的计算功能方面。很多管理功能需要借助这种强大的表格处理和计算功能来完成，例如成绩统计、项目管理、财务统计等。

7.1 案例背景

在日常管理工作中，涉及大量需要计算的地方。学校里，每次考试过后，教师要统计学生成绩，分析成绩分布；学生要统计成绩，进行各种奖学金的评定；每月发工资的时候，财会人员会根据每个人的业绩情况，制定工资表，核定每个人的实发工资；甚至家庭也可以用它记录一些日常的流水账，分析一下生活费用的使用情况……我们生活中，太需要各种计算了。本章将介绍Excel基本应用及使用技巧。

学生成绩统计工作是考核学生学习情况的主要手段，但又是一项较为烦琐的工作，例如学生总分及平均分的计算、不及格率的统计、成绩排序等。

Excel为这项工作提供了许多快捷的方法：快速输入数据、利用公式和函数进行计算、数据排序、成绩统计，使操作者可以较直观地从各个角度了解学生学习的情况。

本章内容基于微软Office中的Excel系列软件，范例的制作都是基于Excel 2003，操作系统是Windows XP Professional 2002。

7.2 案例制作及技能要点

本次课程要求掌握Excel中基本输入技术：单元格或区域的选择；快速输入数据，自动填充；数据修改、复制和移动、清除或删除；插入单元格、行或列；调整单元格格式，调整列宽和行高；简单公式和函数的使用；单元格引用；数据排序；图表的插入等。

7.2.1 Excel基础

打开Excel软件，将进入Excel标准工作窗口，见图7-1。

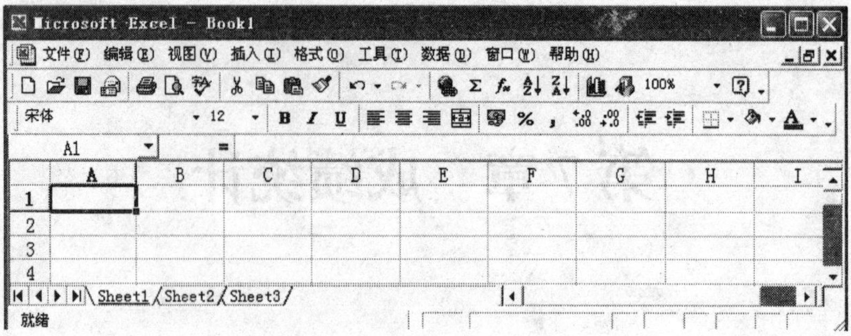

图 7-1 Excel 标准工作窗口

Excel 使用工作簿和工作表进行数据处理。

在 Microsoft Excel 中，工作簿是处理和存储数据的文件。由于每个工作簿可以包含多张工作表，因此可在一个文件中管理多种类型的相关信息。一个工作簿就是一个扩展名为.xls 的磁盘文件。一个工作簿就像记录一件事情的一本书，而其中的工作表就如同这本书中的一个章节。工作表可以用于显示和分析数据，可以同时在多张工作表上输入并编辑数据，并且可以对不同工作表的数据进行汇总计算。如图 7-1 中，是一个名为“book1”的工作簿，它有三个工作表，分别是 sheet1，sheet2，sheet3，其中的 sheet1，sheet2，sheet3 是工作表标签，位于工作簿窗口底部，它显示工作表的名称。如果要在工作表间进行切换，单击相应的工作表标签即可。工作表标签名称可以重新命名，只须鼠标右键单击打算修改名字的标签，在弹出式菜单中选择【重命名】即可。

Excel 工作表由单元格构成，一张工作表中最多有 65536 行，256 列；每一行都有自己的行标，从上到下分别是 1，2，3，…，65536；每一列也有自己的地址标识，分别是 A、B、C、D、……、IU、IV。因此，每个 Excel 单元格的位置都有一个地址标识，例如 A1 表示第 A 列第一行的单元格，B1 表示第 B 列第一行的单元格，D5 表示第 D 列第五行的单元格……

默认情况下，Excel 工作表内置的是虚框表格，即在编辑的时候可以看见这些表格线，但在打印的时候，是没有线的。

7.2.2 单元格或区域的选择

单击某单元格或用上下左右箭头键移到该单元格，就可以选择这个单元格。

当需要选择单元格区域时，将鼠标移到区域的左上角单元格，然后按住鼠标左键不放，拖动到右下角单元格，释放鼠标左键时，区域中的单元格将突出显示。或者，单击左上角单元格，然后按住 Shift 键再单击右下角单元格。

当需要选择非相邻单元格或区域时，先选择第一个单元格或区域，然后按住 Ctrl 键再选择其他的单元格或区域。

当需要选择整行或整列时，单击行号或列号即可。

当需要选择相邻的行或列时，沿行号拖动鼠标，或者选择第一行或列后，按住 Shift 键再选择最后一行或列即可。

当需要选择非相邻的行或列时，选择第一行或列，然后按住 Ctrl 键再选择其他行或列即可。

当需要选择工作表的所有单元格时，单击工作表左上角行号和列号的交叉按钮，即可全部选定。

7.2.3　基本输入技术

（1）文本输入

文本的输入很简单，只需双击待输入的单元格或按 F2 键，然后输入文本即可。输入的文本将同时显示在编辑栏和活动单元格中，而且编辑栏上会显示【输入】✔按钮和【取消】✖按钮，名称框中会显示当前编辑的单元格的地址名称。例如，编辑单元格 A6 时，名称框会显示 A6 ▼。单击【输入】按钮即可确认所作的输入。若想取消某个操作，请单击编辑栏的【取消】按钮或按 Esc 键。

在 Microsoft Excel 中，文本可以是数字、空格和非数字字符的组合。例如，Microsoft Excel 将下列数据项视作文本：

10AA109、127AXY、12-976 和 208 4675。

在默认时，所有文本在单元格中均左对齐。如果要改变其对齐方式，请单击【格式】菜单上的【单元格】命令，再单击【对齐】选项卡，从中选择所需选项。

如果要在同一单元格中显示多行文本，请选中【对齐】选项卡中的【自动换行】复选框。

如果要在单元格中输入硬回车，请按 ALT+ENTER 键。

[练习 7-1]　新建一个 Excel 文档，在工作表中单元格内键入“学生姓名”，“10AA109ADFSDFSAF”、“127AXY”、“12-976”和“208 4675”。要求“学生”和“姓名”之间有个硬回车，对单元格“10AA109ADFSDFSAF”设置“自动换行”。

[案例实践 7-1]　新建一个 Excel 工作簿，工作表重命名为“成绩单”，要求在第一行键入学生成绩单的标题信息：学号、姓名、性别、出生日期和英语、高数、计算机，具体表格项目可参照实践范例中的表 7-1 的原始成绩单。请把表头信息设置为单元格水平、垂直都居中。输入至少 10 名学生的姓名和性别，学生姓名和性别都要求水平、垂直都居中。

（2）数字输入

输入数字时，正数前不需要加正号，但负数前面要加负号，或者用括号将数字括起；为了避免将分数当作日期，应在分数前加 0，并以空格分开，如键入 0 1/2；当输入的数字太长无法全部显示时，单元格将显示 ####### 而不是数字，这时就必须调整列的宽度；若要把输入的数字作为文字看待，在输入时先输入一个单引号即可。在 Microsoft Excel 中，数字只可以为下列字符：“0 1 2 3 4 5 6 7 8 9 + - （ ），/ $ %. E e”，并将单个句点视作小数点。所有其他数字与非数字的组合均作文本处理。

在默认状态下，所有数字在单元格中均右对齐。如果要改变其对齐方式，请单击【格式】菜单【单元格】命令，再单击【对齐】选项卡，并从中选择所需的选项。

单元格中的数字格式决定 Excel 在工作表中显示数字的方式。如果在【常规】格式的单元格中键入数字，Excel 将根据具体情况套用不同的数字格式。例如，如果键入 \$14.73，Excel 将套用货币格式。如果要改变数字格式，请选定包含数字的单元格，再单击【格式】菜单上的【单元格】命令，然后单击【数字】选项卡，再根据需要选定相应的分类和格式。

如果单元格使用默认的【常规】数字格式，Excel 会将数字显示为整数（789）、小数（7.89），或者当数字长度超出单元格宽度时以科学记数法（7.89E+08）表示。采用【常规】格式的数字长度为 11 位，其中包括小数点和类似“E”和“+”这样的字符。如果要输入并显示多于 11 位的数字，可以使用内置的科学记数格式（指数格式）或自定义的数字格式。

无论显示的数字的位数如何，Excel 都只保留 15 位的数字精度。如果数字长度超出了 15 位，Excel 则会将多余的数字位转换为零（0）。

将数字作为文本输入时，即使用【单元格】命令将包含数字的单元格设置为【文本】格式，Excel 仍将其保存为数字型数据。如果要使 Microsoft Excel 将类似于学号之类的数字解释为文本，需要先将空单元格设置为【文本】格式，再输入数字。如果单元格中已经输入了数字，需要对其应用【文本】格式，然后单击每一个单元格并按 F2 键，再按 ENTER 键重新确认数据。

可作为数字使用的字符取决于【控制面板】中【区域设置】内的选项。这些选项也决定了数字的默认格式。例如，在美国系统中句号（.）作为小数点使用，具体见图 7-2 中的数字和货币设置。

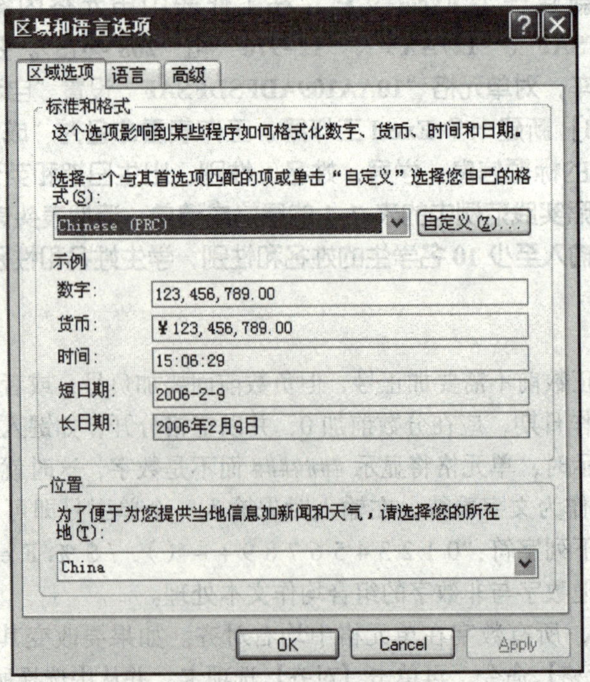

图 7-2 控制面板中的区域和语言选项

[练习 7-2] 在 Excel 工作表中第一行键入下列数字："8934242"、"$589.9"、"3/7"、"-125.89"、"7898.9242"；在工作表中第二行输入下列文本："8934242"、"$589.9"、"3/7"、"-125.89"、"7898.9242"。

①分析一下前后两次键入的内容在显示上有何区别，在键入的时候应该注意些什么。

②为数字设置显示格式，例如用红色表示负数、用负号表示负数、用括号表示负数，在屏幕上显示小数点后面2位、3位，把上述数字设置为"科学记数"方式显示，设置为"会计专用"方式显示、设置为"货币"方式显示，设置为"百分比"方式显示。

(3) 输入日期

输入日期时，通常用斜杠（/）或减号（-）分隔日期的年、月、日部分，例如，可以键入"2002/9/5"或"5-Sep-2002"。输入时间时，数字之间用冒号间隔。如果按12小时制输入时间，请在时间数字后空一格，然后键入AM（上午）或PM（下午）（也可A或P），例如，9：00 P。否则，如果只输入时间数字，Microsoft Excel 将按AM（上午）处理，例如键入3：00而不是3：00 PM，将被视为3：00 AM保存。如果要输入当天的日期，请按CTRL+;（分号）。如果要输入当前的时间，请按CTRL+SHIFT+:（冒号）。

Microsoft Excel 将日期和时间视为数字处理。工作表中的时间或日期的显示方式取决于所在单元格中的数字格式。在键入了 Excel 可以识别的日期或时间数据后，单元格格式会从"常规"数字格式改为某种内置的日期或时间格式。默认状态下，日期和时间项在单元格中右对齐。如果 Excel 不能识别输入的日期或时间格式，输入的内容将被视作文本，并在单元格中左对齐。

在【控制面板】的【区域设置】中的选项将决定当前日期和时间的默认格式，以及默认的日期和时间符号。例如，对于美国的时间系统，斜线（/）和破折号（——）用作日期分隔符，冒号（:）用作时间分隔符。

当输入日期时（如：December 01），Excel 先匹配日，然后匹配年。Excel 将 December 01 作为当前年的 December 01，而不是2000年的 December。

如果要在同一单元格中同时键入时期和时间，请在其间用空格分隔。

时间和日期可以相加、相减，并可以包含到其他运算中。如果要在公式中使用日期或时间，请用带引号的文本形式输入日期或时间值。例如，下面的公式得出差值为68：

="2004/5/12"-"2004/3/5"

在 Excel for Windows（和 Lotus 1-2-3）中，天数是从本世纪的开始进行计算的，即日期系列数中的1对应于日期1900年1月1日。计算允许的最早日期也是1900年1月1日。计算允许的最晚日期为9999年12月31日，可以输入的最大时间为9999：99：99。

[练习 7-3] 请在工作表的第三行键入"1980-6-13"、"30-1-5"、"12-12-12"、"3：00"、"3：00 PM"、"9：00 a"、"10-05"、"9/10"、"09/10"、当前系统日期、时间，修改和设置日期和时间的显示方式，例如显示中文的"年月日"、显示星期等。

分析一下"30-1-30"、"12-1-12"、"10-05"、"9/10"各代表什么日期。

[案例实践 7-2] 键入学生成绩单中的学生出生日期的内容，键入之后要求把其格式改为显示"yyyy 年 mm 月 dd 日"的形式。

（4）输入公式

输入公式时，应先输入等号(=)，表示后续内容属于公式，或者单击【编辑公式】按钮 = 或【粘贴函数】按钮 f_x，Microsoft Excel 将自动插入一个等号。输入公式内容之后，按 ENTER 键即可。

公式中元素的结构或次序决定了最终的计算结果。Microsoft Excel 中的公式遵循一个特定的语法或次序：最前面是等号（=），后面是参与计算的元素（运算数），这些参与计算的元素又是通过运算符隔开的。每个运算符可以是不改变的数值（常量数值）、单元格或引用单元格区域、标志、名称或工作表函数。

Excel 从等号开始（=）从左到右执行计算（根据运算符的优先次序）。可以使用括号组合运算来控制计算的顺序，括号括起来的部分将先执行计算。例如，下面的公式结果为 11，因为 Microsoft Excel 先计算乘法再计算加法：公式将 2 乘以 3（结果是 6），然后再加上 5 得出结果 11。

$=5+2\times3$

与此相反。如果使用括号改变语法，Excel 先用 5 加上 2，再用结果乘以 3，得到结果 21。

$=(5+2)\times3$

［练习 7–4］在单元格中键入"$=5+2\times3$"和"$=(5+2)\times3$"。

前述提到，Excel 中每个单元格都有地址标识。在 Excel 的实际使用过程中，这些标识可以作为单元格内容的别名在公式里面使用。例如，如果 A1 单元格中有数字 5，B1 单元格中有数字 3，则在 C1 单元格中输入"=A1+B1"，按回车键后，C1 单元格中将显示计算结果 8。如果不想键盘录入这些内容，也可以用鼠标完成上述工作，做法如下：

①双击待输入公式的单元格（这里是 C1）；

②输入等号；

③单击要在公式中出现的单元格，该单元格周围会出现动态选择框，其地址将出现在编辑栏中(这里是 A1)；

④输入运算符（这里是加号）；

⑤单击要在公式中出现的单元格，该单元格周围会出现动态选择框，其地址将出现在编辑栏中（这里是 B1）；需要的话，可以继续输入单元格地址和运算符，至公式结束；

⑥按 Enter 键得到运算结果。

［练习 7–5］单元格"A1 到 A5"、"B1 到 B5"中都键入数字，在 A6、B6 输入公式，计算"A1 到 A5"、"B1 到 B5"的总和；在 A7、B7 输入公式，计算"A1 到 A5"、"B1 到 B5"的平均数；在 C6 位置计算"A1 到 B5"方块区域数字的总和。

做法：在 A6 中键入"=A1 + A2 + A3 + A4 + A5"即可，同理键入 B6 中公式；在 A7 中键入"=（A1 + A2 + A3 + A4 + A5）/5"或"=A6/5"即可，同理键入 B7 中公式；在 C6 位置键入"=A1 + A2 + A3 + A4 + A5 + B1 + B2 + B3 + B4 + B5"或"= A6 + B6"即可。

Excel 中内置了大量功能强大的函数，在公式中使用函数，是最为常见的应用。在公式中使用函数时，可以通过输入等号（=）后自已录入函数，但通常不推荐这种做法。最方便的方法是通过【粘贴函数】来实现，方法如下：

①选择待插入函数的单元格；

②从【插入】菜单中选择【函数】命令，弹出【粘贴函数】对话框；

③从【函数分类】选择待插入函数的类型，然后选择待插入的函数名，单击【确定】按钮。或者，在选择待插入函数的单元格后，使用工具栏中【粘贴函数】按钮 ，也可以弹出【粘贴函数】对话框。

函数的自变量通常是单元格中数据，这时可以键入单元格的地址标识，或者使用函数向导，在工作表中选中这些单元格，把它自动放到函数的因变量中。

函数中可以使用多个单元格作为参数，单元格之间需要用西文的逗号“,”进行分隔。除了在公式中一一把需要计算的单元格写出来外，Excel 还提供了更简洁的表示多个单元格的方法，即用西文冒号（:）表示一个区域。例如“A1：A5”表示的是“A1，A2，A3，A4，A5”；“A1：E1”表示的是“A1，B1，C1，D1，E1”；“A1：B3”表示的是“A1，A2，A3，B1，B2，B3”。这种表示方法广泛应用在 Excel 的函数中。

[练习 7-6] 单元格“A1 到 A5”、“B1 到 B5”中都键入数字，在 A6、B6 输入公式，计算“A1 到 A5”、“B1 到 B5”的总和；在 A7、B7 输入公式，计算“A1 到 A5”、“B1 到 B5”的平均数；在 C6 位置计算“A1 到 B5”方块区域数字的总和。

第一种做法：在 A6 中键入“=SUM（A1，A2，A3，A4，A5）”或“=SUM（A1：A5）”即可，同理键入 B6 中公式；在 A7 中键入“=AVERAGE（A1，A2，A3，A4，A5）”或“=AVERAGE（A1：A5）”即可，同理键入 B7 中公式；在 C6 位置键入“=SUM（A1，A2，A3，A4，A5，B1，B2，B3，B4，B5）”或“=SUM（A1：B5）”即可。

第二种做法：点击单元格 A6 之后，单击工具栏中【粘贴函数】按钮 ，在弹出【粘贴函数】窗口中找到求和函数 SUM，单击之后打开 SUM 函数的向导，在 Excel 中称之为公式选项板。此时，在原单元格名称框的位置出现函数名“SUM”，见图 7-3。在其中的 SUM 向导中，分别列出了欲求和的参数，这时可以用键盘一一键入，或者点击窗口中带红色箭头的小方块，函数向导窗口变成等待划定函数参数区域，见图 7-4。这时，用鼠标在 Excel 的窗口中选定要进行求和的区域，例如按住鼠标左键，从 A1 拉到 A5，单击图 7-4 窗口中带有红色标识的小方块按钮，将回到图 7-3 函数向导窗口。此时，刚刚选定的函数参数区域“A1：A5”已经出现在参数位置了。

[案例实践 7-3] 在学生成绩单工作表中“计算机”后面增加两列，分别是“总分”、“平均分”，用求和函数和平均数函数计算每个学生的总成绩和平均成绩，总成绩和平均成绩均保留一位小数。在成绩单的下方，计算每门科目的平均成绩、最高分、最低分。

7.2.4　高级输入技巧

所谓 Excel 的高级输入技巧，就是介绍一些 Excel 中内置的自动功能，巧妙利用这些自动功能，可以为我们的日常工作、学习节省很多时间和精力。

（1）填充和序列

内容相同的同行或同列数据，可以使用填充柄来快速复制。填充柄是位于单元格或单元格区域右下角的小黑块，当鼠标指针指向填充柄时，鼠标指针会变为黑十字。通过拖动填充柄，可以将选定单元格的内容快速复制到同行或同列的其他单元格中。如果填

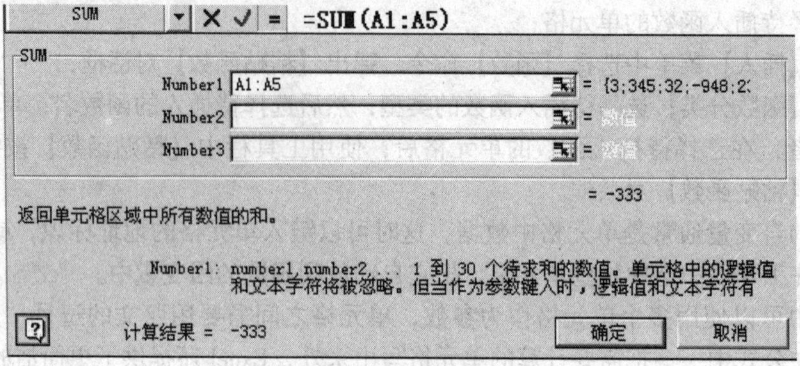

图 7-3 SUM 函数向导

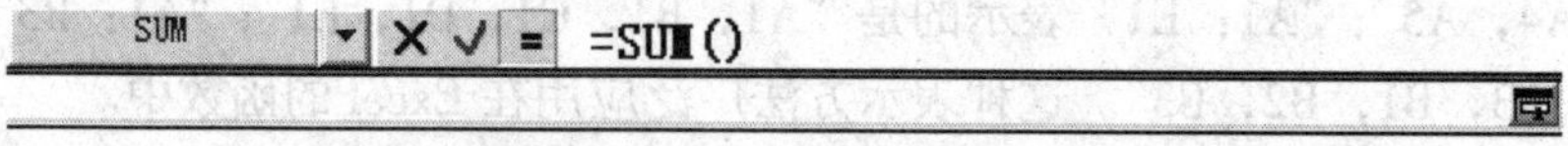

图 7-4 等待在窗口中划定 SUM 函数的参数区域

充过程中要使数字或日期等产生递增，而不是原样复制，按住 Ctrl 键再拖动填充柄即可，这时黑十字光标旁边会多出一个更小的黑十字。

使用自动填充功能可以完成更为智能的复制，例如等比、等差或自定义序列等，可以在单元格内自动拉动生成。

[练习 7-7] 要求自动生成一周中的每一天（从 Sunday 到 Saturday）。

建议方法是：

①在某个单元格中输入 Sunday；

②点击该单元格填充柄，向上、下、左、右任一方向拖动六个单元格；

③松开鼠标左键时所需内容已自动填充到所覆盖的单元格。

[练习 7-8] 要求自动填充自定义的序列，例如对于“北京、南京、西京、东京”序列，在某个单元格中键入“北京”，拉动填充柄，要求产生该序列。

建议方法是：

① 点击【工具】菜单的【选项】子菜单，在【选项】窗口单击【自定义序列】标签，在【输入序列】列表框中，键入“北京”、“南京”、“西京”、“东京”，注意：这里键入“北京”之后，要按“Enter”键，再键入“南京”。键入其他序列分项的时候，都要用“Enter”键进行分隔。之后，单击【添加】按钮，会发现刚刚键入的“北京，南京，西京，东京”已出现在窗口左侧【自定义序列】列表中。点击确定即完成了添加自定义序列的工作。

②选择待填充的单元格，键入“北京”。

③点击该单元格填充柄，向上、下、左、右任一方向拖动。

④鼠标覆盖过的单元格，都将以该序列被填充。

[练习 7-9] 在【选项】窗口的【自定义序列】标签里，有个【导入序列所在单元格】框，考虑一下，怎么使用？

[练习 7-10] 要求自动生成等比/等差序列。

方法一：

①在待填充单元格输入等比/等差序列的前两项；

②选择这两个单元格，当鼠标由空心十字变成实心黑色小十字时，向待填充方向拖拽即可。

方法二：

①在待填充单元格输入等比/等差序列的第一项；

②选定待填充区域；

③鼠标选择【编辑】菜单中【填充】子项的【序列】命令；

④在打开【序列】窗口给出等比/等差序列的步长，按确定即可。

[案例实践 7-4] 成绩单中学生学号因为是按顺序排列的，如 0572001、0572002 等，故要求用快速填充方式完成录入。

（2）移动和复制

在 Windows 系列操作系统中，通常都可以使用【剪切】、【复制】、【粘贴】命令来实现移动和复制。

除此之外，在 Excel 中，还可以通过鼠标完成这些功能。选择待复制的区域，将鼠标指针指向所选区域的边框，当指针由空心十字变为左向空心箭头时，按住 Ctrl 键和鼠标左键开始移动，拖到目标位置的左上角单元格时，释放鼠标左键和 Ctrl 键，选择的区域即被复制到目标位置，原有区域不变。若没有按住 Ctrl 键就开始移动，那么选择的区域将被移到目标位置，原有区域将被删除。

（3）清除和删除

在 Excel 中，"清除"和"删除"是两个不同的概念。如果删除了单元格，Microsoft Excel 将从工作表中移去这些单元格，并调整周围的单元格填补删除后的空缺；而如果清除单元格，则只是删除了单元格中的内容（公式和数据）、格式（包括数字格式、条件格式和边界）或批注，但是空单元格仍然保留在工作表中。

清除单元格内容或格式的方法是：选择待清除的单元格、行或列，然后从【编辑】菜单选择【清除】子菜单，再选择合适的清除子项，如【全部】、【内容】、【格式】或【批注】。

执行删除单元格操作的时候，由于从工作表中移去这些单元格，因此要调整周围的单元格填补删除后的空缺，因而通常需要决定诸如"右侧单元格左移"、"下方单元格上移"、"整行"、"整列"这类问题。方法是选中待删除的单元格内容，然后从【编辑】菜单中选择【删除】命令，在【删除】窗口指定周围单元格如何填补空缺就可以了。

7.2.5　格式调整

当单元格中输入的数据过长时，过长的文字将被截去，过长的数字将用 ######## 表示，但完整的数据仍存在单元格中，只是无法显示。这时可以通过调整单元格的方法把内容显示出来。

（1）调整列宽和行高

调整方法有以下两种：

方法一：用鼠标左右拖动列边界，上下拖动行边界。

方法二：选择待改变的行或列，在【格式】菜单中选【行】/【列】子菜单，然后选择【行高】/【列宽】命令，再在对话框中输入行高/列宽值；或者干脆选择【最适合的行高】/【最适合的列宽】，Excel 就会根据单元格中的数据调整最适合的行高/列宽。

[案例实践 7–5] 调整“成绩单”工作表中“学号”一列的宽度，使学号都能显示出来，而且以文本形式显示。

(2) 单元格数值类型

Excel 中单元格格式可根据该格内数据类型自动调整，但有时也需要使用者根据页面显示需要进行一些格式调整。具体操作时，可以通过【格式】菜单中【单元格】子项所打开的【单元格格式】窗口来设置修改；或者鼠标右键单击待修改格式的单元格，在弹出菜单中单击【单元格格式】子项来打开【单元格格式】窗口设置。

单元格格式窗口中含有多种标签，分别是【数字】、【对齐】、【字体】、【边框】、【图案】、【保护】。其中，【数字】标签管理单元格中数字的显示格式，通常的单元格都被缺省设置为【常规】类型。当单元格中被键入数字，例如“1–10”，Excel 就会自动识别当前数字属于哪个类型，本例中，Excel 就会把这个数字识别为“日期”类型，当按“Enter”键之后，Excel 会按照该工作簿中日期类型的默认格式显示这个单元格中的日期。

对于数字的类型，Excel 分得很细，如图 7–5 所示，有常规、数值、货币、会计专用、日期、时间、百分比、分数、科学记数、文本、特殊及自定义类型。其中常规类型属于默认类型，而且可以进行主动类型匹配；数值、货币、会计专用、日期、时间、百分比、分数、科学记数都有具体的数字样式供定义；文本类型是把数值看作文本，按照文本的特性进行显示；特殊类型是把数字显示成邮政编码、中文小写汉字、中文大写汉字；自定义类型允许用户自己来定义显示样式，前提是用户需要使用 Excel 内置的格式标识符，感兴趣的同学可以参考 Excel 的联机帮助。

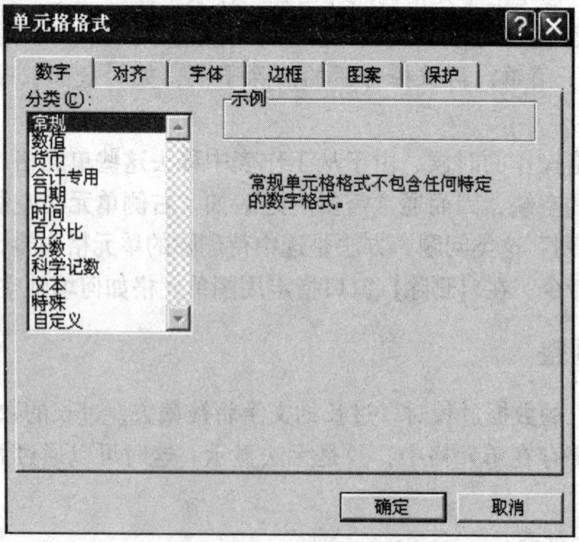

图 7–5 单元格格式窗口

[案例实践 7-6] 将"成绩单"工作表中的成绩设置为一位小数点的数值类型。

Excel 的单元格除了可以设置水平、垂直对齐方式以外，还可以设置文本沿某个角度显示，具体设置详见图 7-6 单元格格式中【对齐】标签。对于超过单元格列宽的文本，可以在【单元格格式】的【对齐】标签中设置【自动换行】，这时超长部分就会换行显示在单元格中；或者在【对齐】标签中设置【缩小字体填充】，这时 Excel 会把该单元格的字体都缩小，以便在现有的列宽下全部显示出来。在这个窗口中，也可以设置【合并单元格】，可以把多个单元格合并为一个。当然，如果想把已合并的单元格重新设为单个的单元格，只要取消【合并单元格】设置即可。

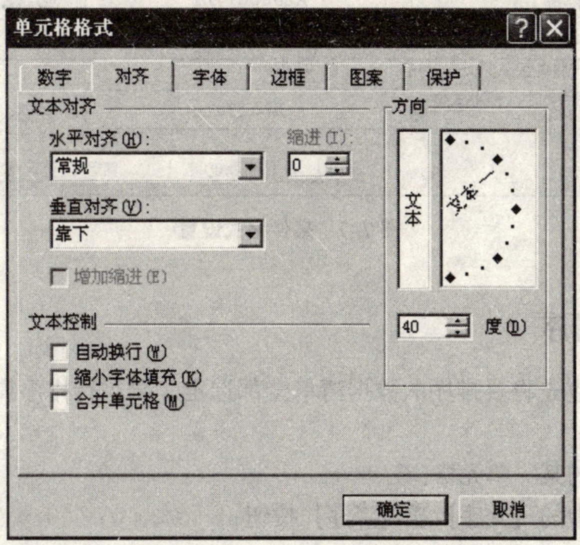

图 7-6　单元格格式中【对齐】标签

（3）单元格对齐方式

[案例实践 7-7] 在成绩单工作表中第一行前插入一行，键入表格标题"学生成绩单"，要求表格标题在表格水平居中显示。提示：运用合并单元格，之后设置居中来完成。

（4）条件格式

对于一些有特殊意义的数据，通常会希望强调显示出来，例如，一个教师希望看到哪些是不及格成绩、哪些是 90 分以上成绩。在 Excel 中，可采用条件格式完成。

[案例实践 7-8] 在学生成绩单工作表中，要求用红色加粗字体表示不及格的成绩，用绿色加粗字体表示 90 分以上成绩。

操作方式如下：

①选定需要添加条件格式的区域。

②选择【格式】菜单子项【条件格式】，打开【条件格式】窗口，见图 7-7 条件格式设置。

③在【条件格式】窗口添加条件：单元格数值小于 60，点击【格式】按钮，定义字

体为红色加粗。

④点击【添加】按钮，添加条件：单元格数值大于或等于 90，点击【格式】按钮，定义字体为绿色加粗。

⑤单击【确定】之后，所选区域数值小于 60 的单元格将以红色加粗字体显示，大于或等于 90 的单元格以绿色加粗字体显示。

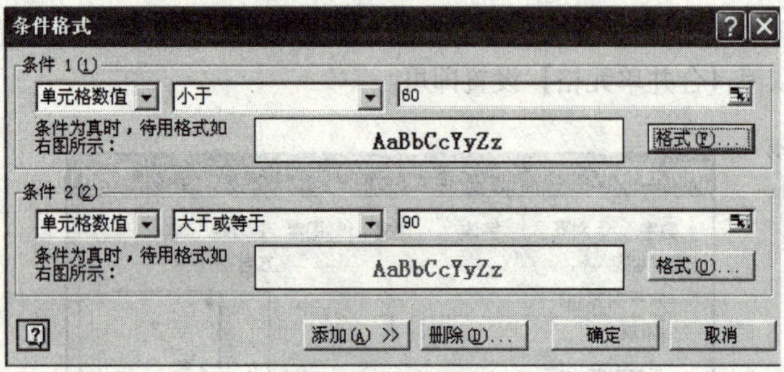

图 7-7 条件格式设置

7.2.6 数据排序

在排序之前，应先将要排序的数据清单全部选定，再进行排序操作。可以按某一列进行排序：

①单击该列中的某一单元格；

②单击工具栏中的【升序】或【降序】按钮；

③排序时将以活动单元格所在的列进行排序（可以按多列进行排序）；

④在数据清单中任选一个单元格；

⑤从【数据】菜单中选择【排序】命令，弹出排序对话框；

⑥从【主要关键字】和【次要关键字】框分别选择要排序的列的关键字；

⑦单击【确定】按钮。

[案例实践 7-9] 在学生成绩单工作表中，要求按学生“平均分”作为主要关键字排序，“学生学号”作为次要关键字。

7.2.7 图表的插入

图表的插入可以使用图表向导完成：

①从工作表中选择用于建立图表的区域；

②在【插入】菜单中选择【图表】，弹出【图表向导】对话框，从中选择图表类型和子类型；

③单击【下一步】按钮，直至完成。

Excel 图表类型有很多种，其中柱形图适合反映数据之间量与量的大小差异；饼形图适合反映单个数据在所有数据构成总和中所占的比例；散点图适合反映数据之间的对应关系；折线最适合反映数据之间量的变化快慢。

[案例实践 7-10] 把学生成绩情况用图表显示出来，图表放到新的工作表中，工作表重新命名为“学生成绩图表”。要求图表中横坐标为学生姓名，每个学生的三门成绩用柱形图来显示，学生的平均成绩用折线显示。

提示：先把学生的三门成绩和平均成绩用柱形图来显示，然后左键单击表示平均成绩的柱状图，把它修改为折线即可。

7.3　实践内容

每人建立一份成绩单，要求输入学生的以下信息：学号、姓名、性别、出生日期和英语、高数、计算机三科成绩（至少 10 位同学成绩）。

①学生学号因为是按顺序的，如 0264021，0264022 等，故要求用快速填充方式完成；

②用函数计算出每个人的总分和平均分，用函数计算出每门课的平均分、最高分、最低分；

③使用条件格式，用红色表示不及格的成绩，用绿色表示 90 分以上成绩；

④用柱形图显示每个同学的成绩，在柱形图上加折线图显示学生平均分；

⑤对成绩按平均分由高到低进行排序，平均分相同情况下按出生年月由低到高排序。

7.3.1　案例实践

[案例实践 7-1] 新建一个 Excel 工作簿，工作表重命名为“成绩单”，要求在第一行键入学生成绩单的标题信息：学号、姓名、性别、出生日期和英语、高数、计算机，具体表格项目可参照实践范例中的表 7-1 的原始成绩单。请把表头信息设置为单元格水平、垂直都居中。输入至少 10 名学生的姓名和性别，学生姓名和性别都要求水平、垂直都居中。

[案例实践 7-2] 键入学生成绩单中的学生出生日期的内容，键入之后要求把其格式改为显示“yyyy 年 mm 月 dd 日”的形式。

[案例实践 7-3] 在学生成绩单工作表中“计算机”后面增加两列，分别是“总分”、“平均分”，用求和函数和平均数函数计算每个学生的总成绩和平均成绩，总成绩和平均成绩均保留一位小数。在成绩单的下方，计算每门课目的平均成绩、最高分、最低分。

[案例实践 7-4] 成绩单中学生学号因为是按顺序排列的，如 0572001、0572002 等，故要求用快速填充方式完成录入。

[案例实践 7-5] 调整“成绩单”工作表中“学号”一列的宽度，使学号都能显示出来，而且以文本形式显示。

[案例实践 7-6] 将“成绩单”工作表中的成绩设置为一位小数点的数值类型。

[案例实践 7-7] 在成绩单工作表中第一行前插入一行，键入表格标题“学生成绩

单”，要求表格标题在表格水平居中显示。提示：运用合并单元格，之后设置居中来完成。

[案例实践 7-8] 在学生成绩单工作表中，要求用红色加粗字体表示不及格的成绩，用绿色加粗字体表示 90 分以上成绩。

[案例实践 7-9] 在学生成绩单工作表中，要求按学生“平均分”作为主要关键字排序，“学生学号”作为次要关键字。

[案例实践 7-10] 把学生成绩情况用图表显示出来，图表放到新的工作表中，工作表重新命名为“学生成绩图表”。要求图表中横坐标为学生姓名，每个学生的三门成绩用柱形图来显示，学生的平均成绩用折线显示。

7.3.2 案例练习

[练习 7-1] 新建一个 Excel 文档，在工作表中单元格内键入“学生姓名”，“10AA109ADFSDFSAF”、“127AXY”、“12-976”和“208 4675”。要求“学生”和“姓名”之间有个硬回车，对单元格“10AA109ADFSDFSAF”设置“自动换行”。

[练习 7-2] 在 Excel 工作表中第一行键入下列数字：“8934242”、“$589.9”、“3/7”、“-125.89”、“7898.9242”；在工作表中第二行输入下列文本：“8934242”、“$589.9”、“3/7”、“-125.89”、“7898.9242”。①分析一下前后两次键入的内容在显示上有何区别，在键入的时候应该注意些什么。②为数字设置显示格式，例如用红色表示负数、用负号表示负数、用括号表示负数，在屏幕上显示小数点后面 2 位、3 位，把上述数字设置为“科学记数”方式显示，设置为“会计专用”方式显示，设置为“货币”方式显示，设置为“百分比”方式显示。

[练习 7-3] 请在工作表的第三行键入“1980-6-13”、“30-1-5”、“12-12-12”、“3：00”、“3：00 PM”、“9：00 a”、“10-05”、“9/10”、“09/10”、当前系统日期、时间，修改和设置日期和时间的显示方式，例如显示中文的“年月日”、显示星期等。分析一下“30-1-30”、“12-1-12”、“10-05”、“9/10”各代表什么日期。

[练习 7-4] 在单元格中键入“= 5 + 2 × 3”和“=(5 + 2) × 3”。

[练习 7-5] 单元格“A1 到 A5”、“B1 到 B5”中都键入数字，在 A6、B6 输入公式，计算“A1 到 A5”、“B1 到 B5”的总和；在 A7、B7 输入公式，计算“A1 到 A5”、“B1 到 B5”的平均数；在 C6 位置计算“A1 到 B5”方块区域数字的总和。

[练习 7-6] 单元格“A1 到 A5”、“B1 到 B5”中都键入数字，在 A6、B6 输入公式，计算“A1 到 A5”、“B1 到 B5”的总和；在 A7、B7 输入公式，计算“A1 到 A5”、“B1 到 B5”的平均数；在 C6 位置计算“A1 到 B5”方块区域数字的总和。

[练习 7-7] 要求自动生成一周中的每一天（从 Sunday 到 Saturday）。

[练习 7-8] 要求自动填充自定义的序列，例如对于“北京、南京、西京、东京”序列，在某个单元格中键入“北京”，拉动填充柄，要求产生该序列。

[练习 7-9] 在【选项】窗口的【自定义序列】标签里，有个【导入序列所在单元格】框，考虑一下，怎么使用？

[练习 7-10] 要求自动生成等比/等差序列。

7.3.3　实践范例

（1）增加部分统计信息的原始成绩单

表 7-1　原始成绩单

学　号	姓　名	出生年月	性　别	计算机	高　数	外　语	总　分	平均分
0264001	赵　风	1983-6-1	男	71.0	**55.0**	62.0	188.0	62.7
0264002	刘　海	1982-3-2	女	**98.0**	**52.0**	90.0	240.0	80.0
0264003	王　鹿	1983-7-1	男	**93.0**	**95.0**	**54.0**	242.0	80.7
0264004	李　芳	1981-3-2	女	83.0	75.0	66.0	224.0	74.7
0264005	鲍　龙	1984-6-1	男	**54.0**	71.0	75.0	200.0	66.7
0264006	狄　梅	1985-3-2	女	**52.0**	60.0	60.0	172.0	57.3
0264007	王学勤	1983-9-1	男	**98.0**	**94.0**	80.0	272.0	90.7
0264008	赵　霞	1982-3-7	女	85.0	63.0	**56.0**	204.0	68.0
0264009	刘　森	1983-6-9	男	67.0	62.0	70.0	199.0	66.3
0264010	宋　文	1982-8-2	女	89.0	90.0	**93.0**	272.0	90.7
0264011	何　亮	1983-2-1	男	65.0	78.0	80.0	223.0	74.3
0264012	金　燕	1982-4-2	女	83.0	51.0	64.0	198.0	66.0
最低分				52.0	**51.0**	54.0		
平均分				78.2	70.5	70.8		
最高分				98.0	95.0	93.0		

（2）排序后的成绩统计结果

表 7-2　排序结果

学　号	姓　名	出生年月	性　别	计算机	高　数	外　语	总　分	平均分
0264007	王学勤	1983 年 9 月 1 日	男	**98.0**	**94.0**	80.0	272.0	90.7
0264010	宋　文	1982 年 8 月 2 日	女	89.0	90.0	**93.0**	272.0	90.7
0264003	王　鹿	1983 年 7 月 1 日	男	**93.0**	**95.0**	**54.0**	242.0	80.7
0264002	刘　海	1982 年 3 月 2 日	女	**98.0**	**52.0**	90.0	240.0	80.0
0264004	李　芳	1981 年 3 月 2 日	女	83.0	75.0	66.0	224.0	74.7
0264011	何　亮	1983 年 2 月 1 日	男	65.0	78.0	80.0	223.0	74.3
0264008	赵　霞	1982 年 3 月 7 日	女	85.0	63.0	**56.0**	204.0	68.0
0264005	鲍　龙	1984 年 6 月 1 日	男	**54.0**	71.0	75.0	200.0	66.7
0264009	刘　森	1983 年 6 月 9 日	男	67.0	62.0	70.0	199.0	66.3
0264012	金　燕	1982 年 4 月 2 日	女	83.0	**51.0**	64.0	198.0	66.0
0264001	赵　风	1983 年 6 月 1 日	男	71.0	**55.0**	62.0	188.0	62.7
0264006	狄　梅	1985 年 3 月 2 日	女	**52.0**	60.0	60.0	172.0	57.3

（3）用柱形—折线图显示成绩

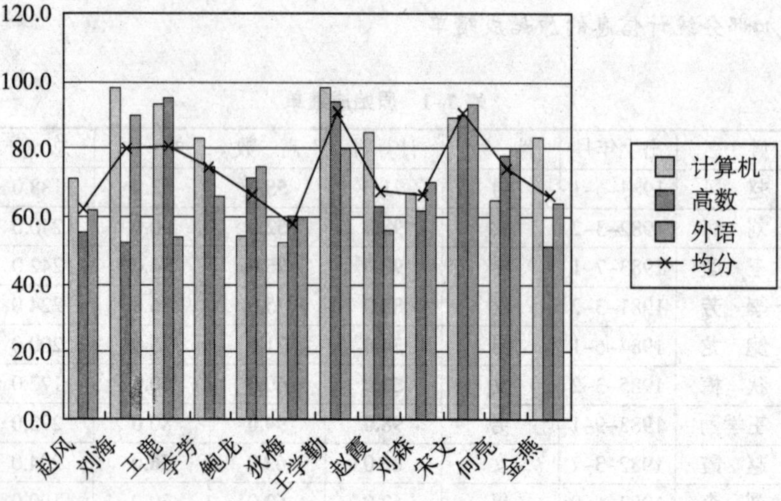

图 7–8 柱形—折线图

第 8 章 数据分析

本章继续学习微软办公系列软件中的 Excel 软件，重点在于 Excel 软件的强大数据计算、数据统计、数据分析功能。

8.1 案例背景

在信息管理中，明细数据是最基础的数据。通常，需要对明细记录进行分析汇总。Excel 提供了大量的函数和功能，可以对数据清单中数据运用多种方法，简单、快捷地进行各种分析计算。

本章内容基于微软 Office 中的 Excel 系列软件，范例的制作都是基于 Excel 2003，操作系统是 Windows XP Professional 2002。

8.2 案例制作及技能要点

Excel 具有简单的数据库功能及强大的分析数据功能，本次课程要求掌握自动计算、数据清单、数据筛选、频度分析、使用记录单输入和修改记录、在工作表中进行汇总分析计算、数据透视表和数据透视图的创建。

8.2.1 单元格引用

单元格引用是 Excel 进行数据分析的基础，在 Excel 中，单元格的地址名称相当于代表单元格内容的变量名称，因而其正确使用对利用 Excel 函数和公式进行数据分析有重大意义。

（1）相对引用

单元格"相对引用"指公式中的单元格用行、列作为其名字，如果插入、删除、移动和复制等引起行、列地址的变化，则公式中的相对引用会自动调整。

[练习 8-1] 新建一个 Excel 工作表，在工作表的 A1、A2、A3、B1、B2、B3、C1、C2、C3 位置分别键入下列数字"1、2、3、4、5、6、7、8、9"，在 A4 键入"=A1+B2-A3"。复制 A4 单元格，在 B4、C4 位置粘贴，分析一下，B4、C4 位置的公式应该是

什么？

提示：这里 A4 中的公式用的是单元格的相对引用地址，当把这类公式复制/移动到其他单元格的位置时，公式中引用的单元格会发生相对位移，因而 B4 中的公式是“=B1+C2-B3”，同理可分析 C4 中的公式。

（2）绝对引用

单元格“绝对引用”指公式中的单元格用行、列地址加美元符号$作为其名字，如果插入、删除、移动和复制等引起行、列地址的变化，公式中的绝对引用不会随地址的变化而变化。

［练习 8-2］在上述工作表中，在 A5 单元格中键入“=$A$1+$B$2-$A$3”。复制 A5 单元格，在 B5、C5 位置粘贴，分析一下，B5、C5 位置的公式应该是什么？

提示：这里 A5 中的公式用的是单元格的绝对引用地址，当把这类公式复制/移动到其他单元格的位置时，公式中引用的单元格不会改变，因而 B5 中的公式是“=$A$1+$B$2-$A$3”，同理可分析 C4 中的公式。

（3）混合引用

单元格“混合引用”指公式中行用相对地址、列用绝对地址或行用绝对地址、列用相对地址作为其名字，如果插入、删除、移动和复制等引起行、列地址的变化，公式中的相对引用部分随地址变化而变化，绝对引用部分不随地址变化而变化。

［练习 8-3］在上述工作表中，在 A6 单元格中键入“=$A1+B2-A$3”。复制 A6 单元格，在 B6、A7 位置粘贴，分析一下，B6、A7 位置的公式应该是什么？如果把这个格式复制到其他位置，如 B7、A8，会怎样？

提示：这里 A6 中的公式用的是单元格的混合引用地址。在$A1 的列名称前有“$”符号，在 A$3 的行名称 3 前有“$”符号，因此$A1 的列名称、A$3 的行名称是绝对引用地址，无论该公式复制到哪个单元格中，其列名称都不会改变。在$A1 的行名称 1 前没有“$”符号，A$3 的列名称 A 前没有“$”符号，B2 的行列名称前都没有“$”符号，意味着这些位置应用的是相对引用地址，当把这类公式复制/移动到其他单元格的位置时，公式中引用的单元格会改变。因而 B6 中的公式是“=$A1+C2-B$3”，A7 中公式是“=$A2+B3-A$3”。

（4）跨文件的单元格引用

以上练习都是在一个工作表内部的单元格引用，实际上作为代表单元格内容的变量名称，单元格的引用是完全可以跨工作表、跨工作簿的。

针对在同一个工作簿中不同工作表中的单元格引用，只需要在单元格前加上工作表的名称即可，工作表与单元格直接用西文的感叹号（!）来间隔。如果这个过程通过鼠标点击相应单元格来完成，则在不同工作表上的单元格会自动被冠以工作表的名称。

［练习 8-4］假定工作簿中有两个工作表，工作表名称分别为“sheet1”、“sheet2”。Sheet1 中 A1、A2、A3、B1、B2、B3、C1、C2、C3 位置有下列数字“1、2、3、4、5、6、7、8、9”。在 sheet2 的 A1 位置计算 sheet1 中 A1、A2、A3 的和。

方法一：直接在 sheet2 的 A1 位置键入“=SUM（sheet1！A1：A3）”即可；

方法二：单击 sheet2 的 A1 位置后，单击插入函数 SUM，使用 SUM 函数的公式选项板。在参数输入区域，选择用鼠标在窗口中找单元格位置，这时直接进入 sheet1 选择 A1、A2、A3，再回到公式选项板的时候，A1、A2、A3 前面已经自动加上“sheet1!”的标识了。

对于跨工作簿的 Excel 引用，道理是相同的。通常要求同时打开引用和被引用的工作簿，公式、数据引用时自动找到目标数据即可。只有在第二次打开引用其他工作簿文件的 Excel 工作簿时，才会出现提示信息，如图 8-1 所示。

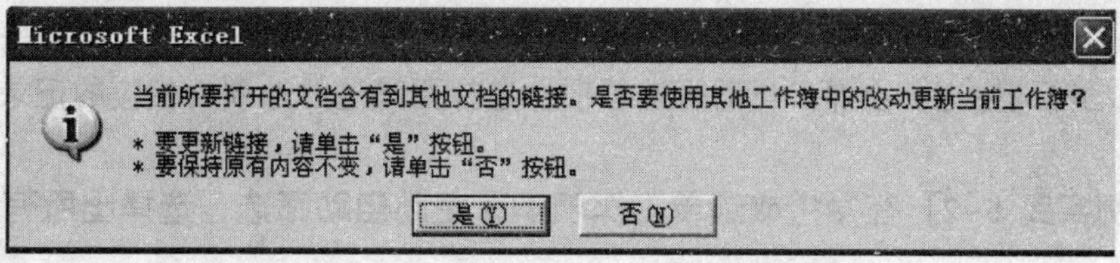

图 8-1 多工作簿引用提示窗口

如果点击【是】，Excel 会先查验被引用的文件，以便更新本工作簿中的内容。这时在引用其他工作簿的单元格中会看到被引用工作簿的完整地址以及所在工作表、单元格的具体名称。例如，以下就是一个跨工作簿的引用：

='D：\教学\管理办公自动化（上）\［05 成绩统计.xls］Sheet2'！$B$4

[练习 8-5] 请自己练习跨工作簿引用单元格。

8.2.2 数据清单

由于 Excel 中的操作都是建立在表格基础上的，而信息系统对于信息处理的一大基石技术——数据库技术就是建立在规范化的二维表之上的。因而，一些简单的基于数据库技术的信息处理也可以在 Excel 中完成。这就产生了 Excel 中的数据清单。数据清单实际就是工作表中的数据，但对这些数据的排列增加一些限制条件，Excel 就可以定义许多类似数据库的操作。因而，对数据增加的这些限制条件，实际是数据库技术最基础的规范化约束。以下是 Excel 对要成为数据清单的数据增加的限制约束：

①每张工作表仅使用一个数据清单。避免在一张工作表上建立多个数据清单。某些清单管理功能如筛选等，一次只能在一个数据清单中使用。

②将相似项置于同一列。在设计数据清单时，应使同一列中的各行具有相似的数据项。

③使清单独立。在工作表的数据清单与其他数据间至少留出一个空列和一个空行。在执行排序、筛选或插入自动汇总等操作时，这将有利于 Excel 检测和选定数据清单。

④使用带格式的列标。请在清单的第一行中创建列标。Excel 将使用列标创建报告并查找和组织数据。对于列标请使用与清单中数据不同的字体、对齐方式、格式、图案、边框或大小写类型等。在键入列标之前，请将单元格设置为文本格式。

⑤使用单元格边框。如果要将标志和其他数据分开，请使用单元格边框。

综上可见，数据清单其实就是最为简化的二维表。

[案例实践 8–1] 打开上章案例作业“学生成绩单”工作表，把该成绩单复制到一个新的工作表中，看看是否符合数据清单的要求，如果不符合，把它修改成一个数据清单。

（1）数据筛选

数据筛选是从数据清单的大量数据中选出满足特定条件的记录。通常从【数据】菜单选择【筛选】子菜单，然后选择【自动筛选】或【高级筛选】命令。

所谓简单自动筛选是从【数据】菜单选择【筛选】子菜单，然后选择【自动筛选】命令，此时，每个字段旁会显示自动筛选标记——一个下拉列表框的向下箭头；单击字段旁的自动筛选标记，会弹出自动筛选选项；选择要筛选的选项，相应的记录就会被挑选出来。

[案例实践 8–2] 在学生成绩单工作表中，使用自动筛选，选择出所有男同学的记录。

方法：从【数据】菜单选择【筛选】子菜单，然后选择【自动筛选】。当表头项出现向下箭头时，点击【性别】会出现若干选项，选择【男】，则工作表中将会出现所有男同学的记录。

所谓自定义自动筛选，是自定义条件的自动筛选，也属于自动筛选。不同之处在于，它不使用工作表中现成的数据，而是加入自定义的条件。

[案例实践 8–3] 在学生成绩单工作表中，进行自动筛选，要求选择出计算机成绩在 90 分以上的学生。

方法：从【数据】菜单选择【筛选】子菜单，然后选择【自动筛选】。当表头项都出现向下箭头时，点击【计算机】旁边向下箭头会出现若干选项，选择【自定义】，出现【自定义自动筛选】对话框，在比较符号处选择【大于或等于】，在数值部分填入 90，按【确定】即可。同理，可以进行两个复合条件的自定义自动筛选。

[练习 8–6] 在学生成绩单工作表中，进行自动筛选，选择成绩在 60~90 分的学生。

需要注意的是，当先后对工作表中两个以上的数据项进行筛选后，工作表筛选会把所有数据项的筛选条件作为“与”条件看待。例如，先对性别为男的进行筛选，再对计算机成绩大于 90 的记录进行筛选，得出的结果是所有计算机成绩在 90 分以上的男同学的记录。

由上述讨论可见，自动筛选只能解决不同数据列之间“与”关系的条件查询，例如计算机成绩 90 分以上而且性别为“男”的同学的成绩。为了解决不同数据列之间“或”关系的条件查询，Excel 引入了高级筛选功能，从工作表数据中根据更为复杂的公式筛选出需要的数据。通常，高级筛选需要一个专门的条件区域，以便给出较为复杂的条件。

[案例实践 8–4] 在学生成绩单中选择出英语成绩不低于 90 分的男同学，或者计算机成绩不高于 60 分的同学。

操作建议如下：

步骤一：在工作表其他空白区域键入筛选条件。条件区域中，分布在不同行上的条件表示条件之间的“或”操作；分布在同一行的条件表示条件之间的“与”操作。如表 8–1 所示。

表 8-1 高级筛选条件

性别	计算机	外语
男	>=90	
		<60

步骤二：将光标停留在工作表的数据区域。

步骤三：选择菜单中【数据】的【高级筛选】子项，进入【高级筛选】对话框，见图 8-2。此时，Excel 自动默认光标所在区域为数据区，也可以通过数据区域选项在数据窗口中选择；在条件区域输入条件区域地址或在数据窗口选择；结果数据可以在原表中显示，或者在其他空白处显示。如果选择筛选结果在其他地方显示，还要给出显示的起始单元格位置。

表 8-2 高级筛选条件

计算机	外语
>=90	
	<60

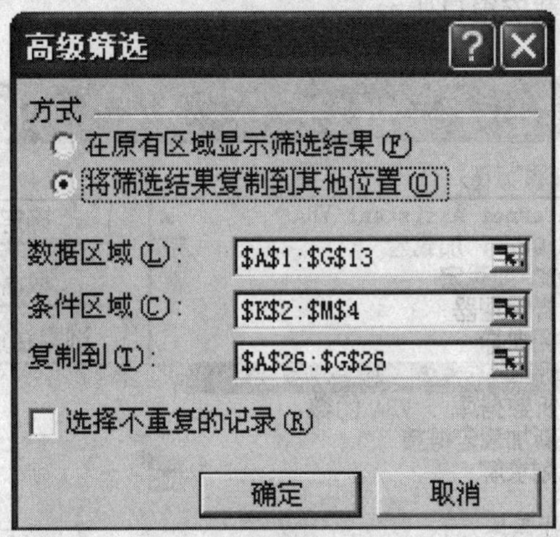

图 8-2 高级筛选对话框

上例显示结果如表 8-3 所示：

表 8-3 高级筛选结果

学 号	姓 名	出生年月	性 别	计算机	高 数	外 语
0264003	王 鹿	1983 年 7 月 1 日	男	93.0	95.0	54.0
0264007	王学勤	1983 年 9 月 1 日	男	98.0	94.0	80.0
0264008	赵 霞	1982 年 3 月 7 日	女	85.0	63.0	56.0

如果条件区域如表 8-2 所示，则高级筛选结果为：

表 8-4 高级筛选结果

学 号	姓 名	出生年月	性 别	计算机	高 数	外 语
0264002	刘 海	1982 年 3 月 2 日	女	98.0	52.0	90.0
0264003	王 鹿	1983 年 7 月 1 日	男	93.0	95.0	54.0
0264007	王学勤	1983 年 9 月 1 日	男	98.0	94.0	80.0
0264008	赵 霞	1982 年 3 月 7 日	女	85.0	63.0	56.0

[练习 8-7] 分析一下表 8-3、表 8-4 的筛选结果，看看每条记录是因为哪个条件而被选上的。

(2) 频度分析

在日常数据处理中，常常要对一些数据进行分段统计。如各个年龄段的人数占总人数的百分比、各个分数段学生分布百分比、各个工龄段的职工人数……这类工作，可以使用 Excel 提供的频度分析来完成。

Excel 频度分析的操作方法是在【工具】菜单下【数据分析】子项下通过【直方图】功能实现的。若在【工具】菜单中没有【数据分析】选项，则可立即安装进去。只要在【工具】菜单中选【加载宏】，出现一选项对话复选框，选取【分析工具库】，再单击【确定】即可，如图 8-3 加载宏窗口所示。

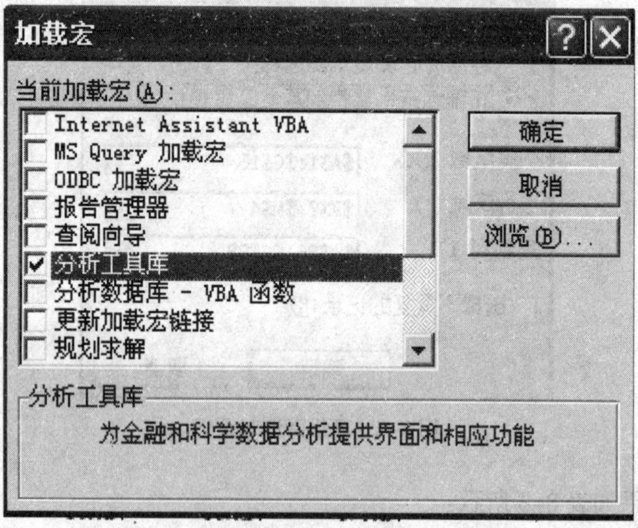

图 8-3 加载宏窗口

从背景介绍可知，所谓频度分析，实际是统计各个数据段的数值分布情况。因而进行频度分析的时候，不仅要有原始数据，还应该有数据分段情况。

[案例实践 8-5] 针对学生成绩单的数据，分别统计一下计算机、高数、外语成绩的分布情况，成绩按每 10 分一档（60 分以下为一档）。

操作步骤如下：

①在 K2：K7 中分别顺次输入 59.9，69.9……100 作为各分数段的“组界”。

②选择菜单命令【工具】菜单下【数据分析】。

③弹出对话框中选择【直方图】，再单击【确定】按钮，如图 8-4 所示。

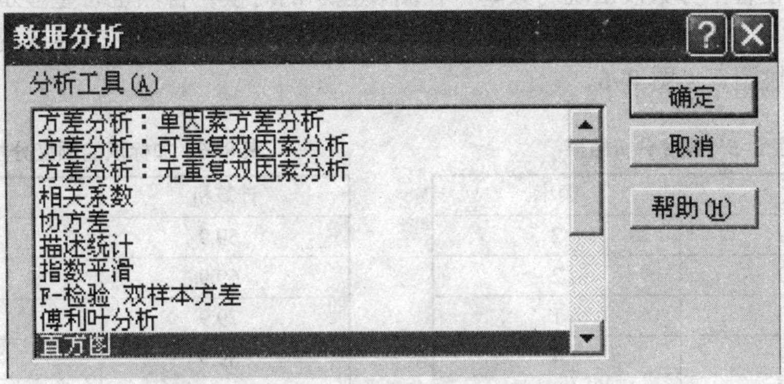

图 8-4　数据分析——直方图

④在【直方图】窗口，见图 8-5，在【输入】框架内的【输入区域】指定进行分析的数据区域，【接收区域】指定进行分析的数据段界，都是必填内容。【输出选项】中可以定义接收分析结果的位置。选定了这三个必选内容之后，点击【确定】频度分析的结果就可以显示出来。结果见表 8-5。

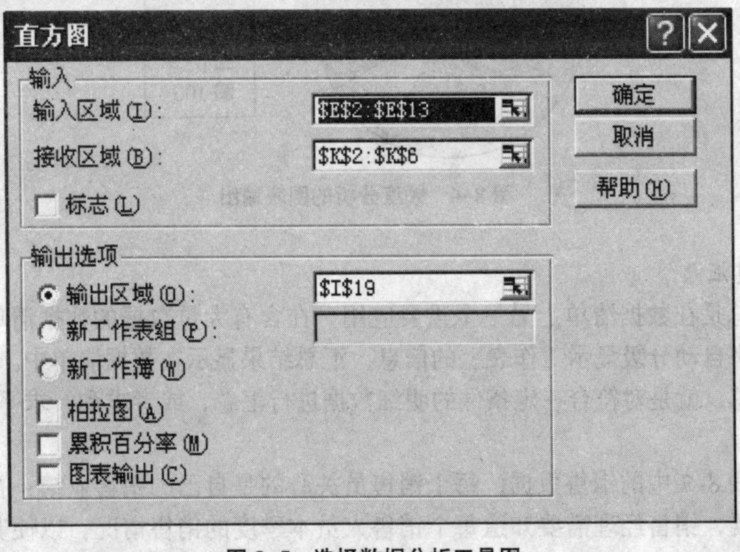

图 8-5　选择数据分析工具图

⑤在【直方图】窗口还有几个可选项，它们的作用是使频度分析结果更加直观和方便。在【输入】框架内的可选项【标志】，其作用是在频度分析的结果区域展现出频度分析的标题。在本例中，如果选择【标志】选项，【输入区域】设置时就应该包括数据的列标题，【接收区域】应该也包括列标题，例如“计算机”，则分析结果如表 8-6 所示。

值得一提的是，图 8-2 中【输出选项】可选项【图表输出】。加选这个选项，可以把频度分析结果用图表表示出来。Excel 默认的图表是直方图，这时可以在图表上通过点击鼠标右键弹出的【图表类型】把图表设置为自己希望的类型。例如在本例中，计算的是计算机成绩在各个分数段出现的频率，在图表显示的时候，自然也希望显示成为表示百分比的饼图。如在图 8-5 中加选【图表输出】可选项，则除了输出表 8-5 的结果外，还会另附一张饼图，见图 8-6。

表 8-5 频度分析结果

接收	频率
59.9	2
69.9	2
79.9	1
89.9	4
100	3
其他	0

表 8-6 加标识的频度分析结果

计算机	频率
59.9	2
69.9	2
79.9	1
89.9	4
100	3
其他	0

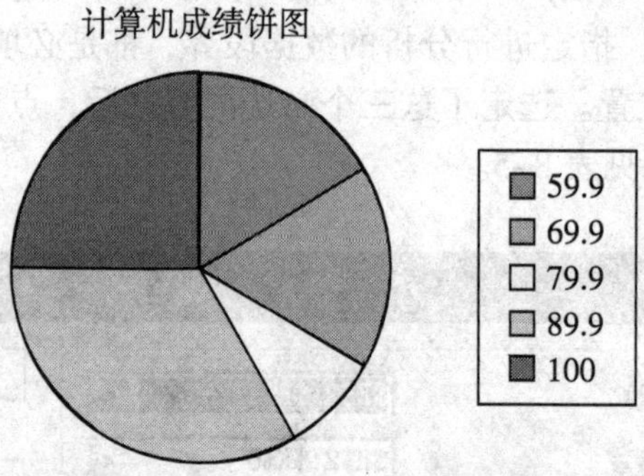

图 8-6 频度分析的图表输出

(3) 分类汇总

分类汇总是在数据清单上另一个重要应用。在含有大量数据的数据清单中，可以使用分类汇总来自动分级显示工作表上的信息，汇总结果显示在数据清单中。

所谓汇总，就是对符合一定条件的明细数据进行汇总，或者求和，求平均，求最大、最小等。

例如对表 8-7 中的销售数据，每个销售员关心的是自己的销售业绩；在进行季度奖金分配的时候，销售经理需要知道每个销售人员本季度的销售情况，以便奖勤罚懒；此外，他还需要知道本部门该季度的销售情况。

表 8-7 原始销售数据

月 份	品 牌	销售员	地 区	销售数量（箱）	销售额（万元）
1月	海飞丝	段 与	南部	536	514560
1月	沙 宣	段 与	南部	584	420480
1月	潘 婷	段 与	南部	826	594720

续表

月 份	品 牌	销售员	地 区	销售数量（箱）	销售额（万元）
1月	潘 婷	箫 风	北部	246	206640
1月	沙 宣	箫 风	北部	945	793800
2月	潘 婷	王语烟	南部	1546	1484160
2月	潘 婷	王语烟	南部	556	533760
2月	潘 婷	段 与	北部	258	185760
2月	沙 宣	段 与	北部	2465	1774800
2月	海飞丝	段 与	北部	2258	1625760
2月	海飞丝	箫 风	南部	1765	1482600
3月	潘 婷	王语烟	南部	3785	3633600
3月	沙 宣	王语烟	南部	865	622800
3月	潘 婷	段 与	南部	956	688320
3月	海飞丝	段 与	北部	4682	3932880

[案例实践 8-6]　利用表 8-7 中的数据，按销售员分类显示销售情况，并汇总第一季度该部门的销售情况。

操作步骤如下：

步骤一：按分类列排序。本例中，首先按“销售员”对数据清单进行排序。

步骤二：光标停在数据清单中，单击【数据】菜单中【分类汇总】命令，弹出【分类汇总】对话框，在对话框中选择【分类字段】（本例中为“销售员”）、【汇总方式】（本例中先选择“求和”）、【选定汇总项】（本例中先选择“销售额（万元）”），单击【确定】就完成了销售总金额汇总，如图 8-8 所示。

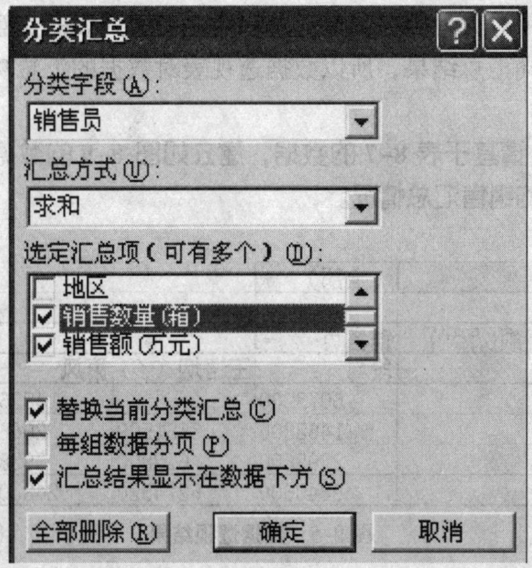

图 8-7　分类汇总设置窗口

从图 8-8 中显示的汇总结果可以看出，汇总后的表格左侧出现“1、2、3”的标识，点击“1、2、3”数据就会按不同的详细程度展现在窗口中。图 8-8 显示的 2 级数据，是按照销售员分类统计的该季度销售情况。点击“3”时，表中的详细数据就会显示出来；点击“1”，则只显示该部门的总销售情况。

	A	B	C	D	E	F
1	月份	品牌	销售员	地区	销售数量(箱)	销售额(万元)
11			段与 汇总		12688	9840600
16			王语烟 汇总		6752	6274320
20			箫风 汇总		2956	2483040
21			总计		22396	18597960

图 8-8　汇总结果

分类汇总除了可以进行阶段求和之外，还可以求阶段最大、最小等。

如果要显示源数据，或对其他列进行排序和汇总，必须先清除原分类汇总，步骤如下：

光标停留在含有分类汇总的数据清单中，在【数据】菜单中，单击【分类汇总】命令；在【分类汇总】对话框中，选择【全部删除】按钮即可。

[案例实践 8-7] 针对上述数据，为公司经理创建各品牌销售总金额汇总、每类商品最高销售数量汇总。

8.2.3 数据透视

前面的数据分析都是建立在数据清单基础上的，但在实际生活中，有些表希望充分利用其行和列来显示内容，数据清单就显得有些力不从心了。在 Excel 中，引入数据透视表，可以满足这部分功能。

数据透视表是一种对大量数据快速汇总和建立交叉列表的交互式表格，可以转换行列以查看源数据的不同汇总结果，所以数据透视表对数据的汇总功能远远强于在数据清单中插入分类汇总。

[案例实践 8-8] 请基于表 8-7 的数据，建立如图 8-9 的数据透视结果，反映每个销售员各个品牌产品的销售汇总情况。

地区	（全部）			
求和项:销售额(万元)	销售员			
品牌	段与	王语烟	箫风	总计
海飞丝	6073200		1482600	7555800
潘婷	1468800	5651520	206640	7326960
沙宣	2298600	622800	793800	3715200
总计	9840600	6274320	2483040	18597960

图 8-9　数据透视结果

创建数据透视表的步骤如下：

①单击数据清单中的任一单元格；

②在【数据】菜单中，单击【数据透视和图表报告】命令，弹出【数据透视表和数据透视图向导步骤之一】对话框，选择其中的缺省设置，单击【下一步】按钮；

③弹出【数据透视表和数据透视图向导步骤之二】对话框，在该对话框中选择【浏览】按钮，即可从其他工作簿中选择数据源；

④选定数据之后，单击【下一步】按钮，弹出【数据透视表和数据透视图向导步骤之三】对话框，在该对话框中选择数据透视表的显示位置，然后单击【完成】按钮。

此时显示一个还未建好的数据透视表的框架图和【数据透视表】工具栏，将工具栏中的字段各自拖到相应的分页字段、行字段、列字段和计算字段中，即可完成对数据透视表的创建。

8.2.4　函数功能

Excel 的函数功能强大且数量众多，共分为十大门类：财务函数、日期与时间函数、数学与三角函数、统计函数、查找与引用函数、数据库函数、文本函数、逻辑函数、信息函数、工程函数，很难一蹴而就地学成。我们在前面的章节中断续的学习了 SUM（）、AVERAGE（）、MAX（）、MIN（）函数，这里将继续介绍几个常用函数。

（1）IF 工作表函数

IF 工作表函数属于逻辑函数门类，执行真假值判断，根据逻辑测试的真假值返回不同的结果。即如果根据条件，要返回两个值中的一个，则使用 IF 工作表函数。

通常使用函数 IF 对数值和公式进行条件检测。

语法：IF（logical_test，value_if_true，value_if_false）

Logical_test：计算结果为 TRUE 或 FALSE 的任何数值或表达式。

Value_if_true：Logical_test 为 TRUE 时函数的返回值。如果 logical_test 为 TRUE 并且省略 value_if_true，则返回 TRUE；Value_if_true 可以为某一个公式。

Value_if_false：Logical_test 为 FALSE 时函数的返回值。如果 logical_test 为 FALSE 并且省略 value_if_false，则返回 FALSE；Value_if_false 可以为某一个公式。）

［练习 8-8］在学生成绩单工作表中，计算机成绩单元格 E2 中包含计算当前成绩的公式。如果 E2 中的公式结果小于 60，则在 J2 单元格显示“不及格”，否则将显示“及格”。考虑一下，J2 中的公式应该怎么写？

参考答案：=IF（E2<60，“不及格”，“及格”）

函数 IF 可以嵌套七层，用 value_if_false 及 value_if_true 参数可以构造复杂的检测条件。

［案例实践 8-9］用函数对每位同学的平均分进行评估，按分值划分等级，90~100：优秀；80~90：良好；70~80：中等；60~70：及格；60 以下：不及格。考虑一下公式应该怎样？

参考答案：=IF（H2<90，IF（H2<80，IF（H2<70，IF（H2<60，“不及格”，“及格”），“中等”），“良好”），“优秀”）；（假定 H2 是包含平均分的单元格引用）

(2) COUNTIF 工作表函数

如果要计算单元格区域中指定值出现的次数，则可使用 COUNTIF 工作表函数。COUNTIF 具有两个参数：要检查的区域和在区域中要检查的值（条件）。

语法：COUNTIF（range，criteria）

range：要检查的区域，即需要计算其中满足条件的单元格数目的单元格区域。

criteria：在区域中要检查的值（条件），即判定哪些单元格将被计算在内的条件，其形式可以为数字、表达式或文本。

[练习 8-9] 在学生成绩单工作表中，判定平均分为“不及格”的人数有多少。

参考答案：=COUNTIF（$I$2：$I$13，“=不及格”）

[案例实践 8-10] 在学生成绩单工作表中，新建一个工作表，用 COUNTIF 函数分别计算出“优秀、良好、中等、及格、不及格”各档次人数。并用饼图把各档次的百分比表现出来。

表 8-8 等级、人数、计算公式

等 级	人 数	公 式
不及格	1	=COUNTIF（$J$2：$J$13，“=不及格”）
及 格	5	=COUNTIF（$J$2：$J$13，“=及格”）
中 等	2	=COUNTIF（$J$2：$J$13，“=中等”）
良 好	2	=COUNTIF（$J$2：$J$13，“=良好”）
优 秀	2	=COUNTIF（$J$2：$J$13，“=优秀”）

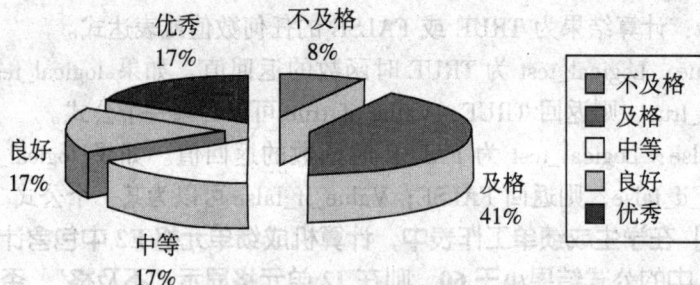

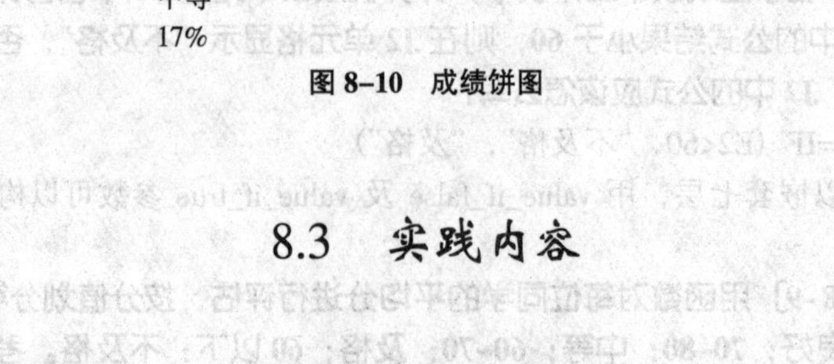

图 8-10 成绩饼图

8.3 实践内容

8.3.1 案例实践

[案例实践 8-1] 打开上章案例作业“学生成绩单”工作表，把该成绩单复制到一个新的工作表中，看看是否符合数据清单的要求，如果不符合，把它修改成一个数据清单。

［案例实践 8-2］在学生成绩单工作表中，使用自动筛选，选择出所有男同学的记录。

［案例实践 8-3］在学生成绩单工作表中，进行自动筛选，要求选择出计算机成绩在 90 分以上的学生。

［案例实践 8-4］在学生成绩单中选择出英语成绩不低于 90 分的男同学，或者计算机成绩不高于 60 分的同学。

［案例实践 8-5］针对学生成绩单的数据，分别统计一下计算机、高数、外语成绩的分布情况，成绩按每 10 分一档（60 分以下为一档）。

［案例实践 8-6］利用表 8-7 中的数据，按销售员分类显示销售情况，并汇总第一季度该部门的销售情况。

［案例实践 8-7］针对上述数据，为公司经理创建各品牌销售总金额汇总、每类商品最高销售数量汇总。

［案例实践 8-8］请基于表 8-7 数据，建立如图 8-9 的数据透视结果，反映每个销售员各个品牌产品的销售汇总情况。

［案例实践 8-9］用函数对每位同学的平均分进行评估，按分值划分等级，90~100：优秀；80~90：良好；70~80：中等；60~70：及格；60 以下：不及格。考虑一下公式应该怎样？

［案例实践 8-10］在学生成绩单工作表中，新建一个工作表，用 COUNTIF 函数分别计算出“优秀、良好、中等、及格、不及格”各档次人数。并用饼图把各档次的百分比表现出来。

8.3.2 案例练习

［练习 8-1］新建一个 Excel 工作表，在工作表的 A1、A2、A3、B1、B2、B3、C1、C2、C3 位置分别键入下列数字“1、2、3、4、5、6、7、8、9”，在 A4 键入“=A1+B2-A3”。复制 A4 单元格，在 B4、C4 位置粘贴，分析一下，B4、C4 位置的公式应该是什么？

［练习 8-2］在上述工作表中，在 A5 单元格中键入“=$A$1+$B$2-$A$3”。复制 A5 单元格，在 B5、C5 位置粘贴，分析一下，B5、C5 位置的公式应该是什么？

［练习 8-3］在上述工作表中，在 A6 单元格中键入“=$A1+B2-A$3”。复制 A6 单元格，在 B6、A7 位置粘贴，分析一下，B6、A7 位置的公式应该是什么？如果把这个格式复制到其他位置，如 B7、A8，会怎样？

［练习 8-4］假定工作簿中有两个工作表，工作表名称分别为“sheet1”、“sheet2”。Sheet1 中 A1、A2、A3、B1、B2、B3、C1、C2、C3 位置有下列数字“1、2、3、4、5、6、7、8、9”。在 sheet2 的 A1 位置计算 sheet1 中 A1、A2、A3 的和。

［练习 8-5］请自己练习跨工作簿引用单元格。

［练习 8-6］在学生成绩单工作表中，进行自动筛选，选择成绩在 60~90 分的学生。

［练习 8-7］分析一下表 8-3、表 8-4 的筛选结果，看看每条记录是因为哪个条件而被选上的。

［练习 8-8］在学生成绩单工作表中，计算机成绩单元格 E2 中包含计算当前成绩的公式。如果 E2 中的公式结果小于 60，则在 J2 单元格显示“不及格”，否则将显示“及格”。考虑一下，J2 中的公式应该怎么写？

［练习 8-9］在学生成绩单工作表中，判定平均分为“不及格”的人数有多少。

第9章　演示文稿的创建

PowerPoint 2003 是 Microsoft 公司新近出品的一个用于文稿图形处理的软件，是 Microsoft Office 2003 的系列办公软件之一，其主要用途是制作演示文稿幻灯片，它荟萃了带有 Internet 功能的众多智能型工具及大量的改进特性，为不同层次的用户提供了各种所需工具以创建精美的演示文稿。接下来几章我们将由浅入深，循序渐进地引导大家走进 PowerPoint 的世界。

9.1　案例背景

在现实生活中，我们会大量用到幻灯片。例如，老师要经常给学生讲课、作学术报告及论文答辩等；公司也常要为自己的产品作广告宣传等。

很多时候，当事人经常是一边讲解一边利用幻灯片进行演示。如果以传统的方式用笔和绘图仪等制作幻灯片将使工作变得非常费时，而且效果往往不理想。而用 PowerPoint 2003 情况就会大不相同了，PowerPoint 2003 提供了多种适用于不同情况的幻灯片版式，用户只需在版式上写入自己的内容即可，节省了大量的设计时间。而且利用它可以使演示文稿丰富多彩，更加富有感染力。

本案例制作一份班级和个人的总结介绍。

9.2　PowerPoint 2003 环境

启动方法：单击【开始】的【程序】选项，在其子菜单中单击所对应的应用程序，可运行应用程序。

9.2.1　PowerPoint 2003 界面

①标题栏：显示出软件的名称（Microsoft PowerPoint）和当前文档的名称（演示文稿1）；在其右侧是常见的“最小化、最大化/还原、关闭”按钮。

②菜单栏：通过展开其中的每一条菜单，选择相应的命令项，完成演示文稿的所有编辑操作。其右侧也有“最小化、最大化/还原、关闭”三个按钮，不过它们是用来控制

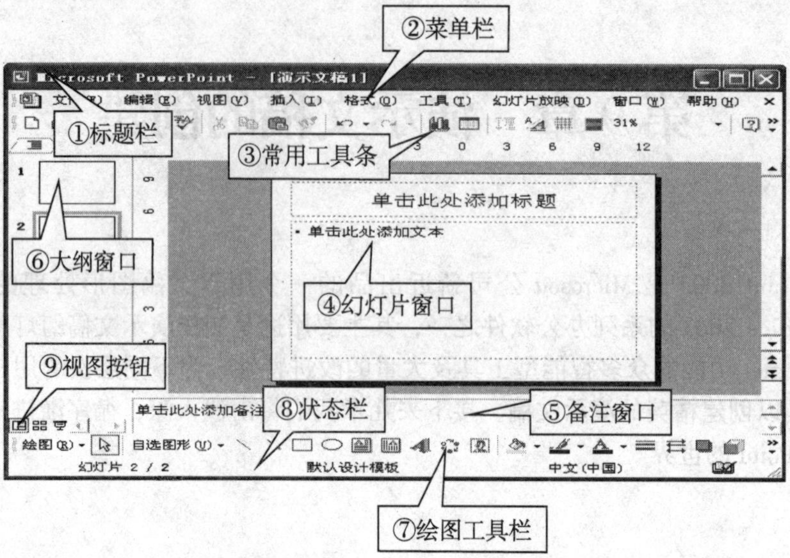

图 9-1 PowerPoint 2003 界面

当前文档的。

③“常用”工具条：将一些最为常用的命令按钮，集中在本工具条上，方便调用。

“格式”工具条：将用来设置演示文稿中相应对象格式的常用命令按钮集中于此，方便调用。

展开【视图→工具栏】下面的级联菜单，选定相应选项，即可在相应的选项前面添加或清除“√”号，从而让相应的工具条显示在 PowerPoint 2000 窗口中，方便随机调用其中的命令按钮。

④幻灯片窗口（编辑区）：编辑幻灯片的工作区，制作出一张张图文并茂的幻灯片，就在这里展示。

⑤备注窗口（备注区）：用来编辑幻灯片的一些“备注”文本。

⑥大纲窗口（大纲区）：在本区中，可以快速查看整个演示文稿中的任意一张幻灯片。

⑦绘图工具栏：可以利用上面相应按钮，在幻灯片中快速绘制出相应的图形。

⑧状态栏：在此处显示出当前文档相应的某些状态要素。

⑨视图按钮：支持用户在各个视图之间切换。

9.2.2 PowerPoint 视图

PowerPoint 支持用户在各个视图之间切换，每种视图方式对应不同的编辑方法。要切换视图，可以从“视图”菜单中进行选择（普通、幻灯片浏览、备注页、幻灯片放映），也可以单击屏幕左下方的 5 个视图按钮 （普通视图、大纲视图、幻灯片视图、幻灯片浏览视图、幻灯片放映）。下面对各种视图方式做一简单介绍。

(1) 普通视图

在该视图中可以同时显示幻灯片、大纲及备注内容，因而可以对幻灯片的各个部分（包括文本对象和非文本对象）进行编辑，是最常用的工作视图，也是幻灯片默认的显示方式。

(2) 大纲视图

以大纲为主、幻灯片为辅，因而比较适合用户查看和编辑大纲中的文本结构及内容。

(3) 幻灯片视图

在该方式下，每次只能显示演示文稿中的一张幻灯片，但也可以对幻灯片的各个部分（包括文本对象和非文本对象）进行编辑，只不过所有的操作都是在幻灯片中进行。

(4) 幻灯片浏览视图

在该方式下，按顺序显示演示文稿中所有幻灯片的缩图，用户可以方便地为幻灯片重新排列顺序、设置幻灯片的放映时间、选择幻灯片的动画切换方式等。

(5) 幻灯片放映

在该视图方式下，一张幻灯片的内容占满整个屏幕，也是幻灯片放映出来的最终效果。

(6) 备注页视图

通过【视图】菜单中的【备注页】命令进入备注页视图显示方式。在该方式下，可以创建幻灯片备注以方便用户的理解和使用。

9.2.3　幻灯片版式

PowerPoint 内置了 36 种幻灯片自动版式。幻灯片中的对象通常包括文本、图形和多媒体对象。

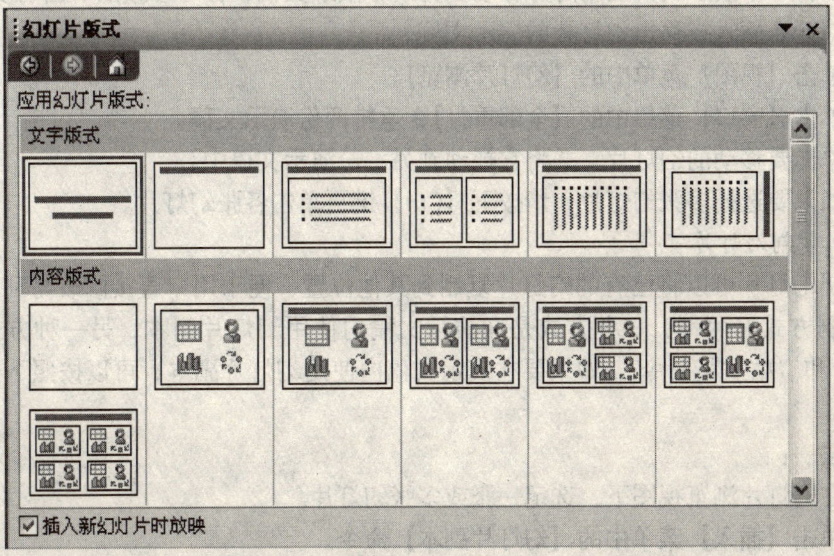

图 9–2　出现在“幻灯片版式”对话框中的幻灯片版式

9.2.4 幻灯片管理

(1) 新幻灯片的创建

如果在演示文稿中需要添加一张新的幻灯片，PowerPoint 提供了简单容易的操作。

方法一：从菜单中选择【插入】并指向【新幻灯片】。

方法二：按下【Ctrl+M】键。

无论选择哪种创建新幻灯片的方法，系统都会显示一个新幻灯片对话框，提示选择所创建幻灯片的版式。这包括了可以用幻灯片表示的演示形式（如图 9-2）。用户可根据自己的情况作出选择。

在这个对话框中，还可以选择左下角的【不再显示这个对话框】复选框，这一般用于创建同种格式的多张幻灯片。

(2) 幻灯片的移动

很难保证在初期创建的演示文稿中幻灯片的排列顺序完全尽如人意。这时可按以下步骤移动幻灯片：

方法一：

①在大纲视图中将鼠标指针指在欲移动的幻灯片图标上。此时鼠标指针看起来像一个四边箭头。

②将幻灯片图标拖到新位置并放开图标，会显示一条水平线，来标明所移动幻灯片的最终目的地。

方法二：

切换到幻灯片浏览视图，则只需选择某张幻灯片并将其拖动到新的位置即可，这时的鼠标将变成移动的图形。

可以将一个演示文稿的幻灯片移动到另一个演示文稿，你可以按照下面的步骤完成：

①打开要插入或移出幻灯片的演示文稿。

②单击【视图】菜单中的【幻灯片浏览】。

③单击【窗口】菜单中的【全部重排】，重排两份演示文稿。

④单击要移动的幻灯片，并将它拖动到另一份演示文稿中。

⑤如果要选择多张幻灯片，请按下【Ctrl】键再单击各张幻灯片。

(3) 复制幻灯片

复制幻灯片可以将已有的幻灯片复制到其他位置，便于用户直接修改与利用。幻灯片的复制方式有两种：一种方式是在演示文稿内使用幻灯片副本，另一种方式是使用“复制”和“粘贴”命令。如果要在演示文稿内使用幻灯片副本，可以按照下述步骤进行操作：

方法一：

①在幻灯片浏览视图下，选定一张或多张幻灯片。

②单击【插入】菜单中的【幻灯片副本】命令。

方法二：

使用“复制”命令和“粘贴”命令复制幻灯片的操作步骤如下：

①在幻灯片浏览视图中，选定要复制的幻灯片。

②单击【编辑】菜单中的【复制】命令，或者单击“常用”工具栏的【复制】按钮。

③将鼠标指针移到要粘贴的位置。

④单击【编辑】菜单中的【粘贴】命令，或者单击“常用”工具栏的【粘贴】按钮。

(4) 幻灯片的删除

如果发现演示文稿中有一张幻灯片并不是需要的，影响了整篇展示的效果,希望把它删除掉，可采用的方法有：

方法一：

在幻灯片浏览视图中,只需用鼠标单击所要的幻灯片再按下【Del】键。

方法二：

在幻灯片视图中要删除整张幻灯片,必须先切换到要删除的那张幻灯片，然后单击【编辑】菜单中的【删除幻灯片】命令。

删除该张幻灯片，后面的幻灯片会自动往前排列。

提示：如果要删除多张幻灯片，请切换到幻灯片浏览视图。按下【Ctrl】键并单击各张幻灯片，然后单击“ 删除幻灯片”或按下【Del】键。

(5) 应用幻灯片浏览视图组织演示文稿

在幻灯片浏览视图方式下，演示文稿中的所有幻灯片将按编号由小到大的顺序以缩图的形式显示出来。在每个幻灯片的下方显示该幻灯片的放映特征图标。在幻灯片浏览视图中也可以修改演示文稿，但修改的不是单个幻灯片的内容，而是整个演示文稿的结构。

① “幻灯片浏览”工具栏。切换到幻灯片浏览视图后即显示“幻灯片浏览”工具栏，其中包括的按钮有：幻灯片切换、幻灯片切换效果、预设动画、动画预览、隐藏幻灯片、排练计时、摘要幻灯片、演讲者备注、常规任务。其中切换和动画内容见后面章节。在此视图方式下，可以方便地对每张幻灯片进行整体操作。

②选择幻灯片。若选择某张幻灯片，单击该幻灯片即可；若要选择的一组幻灯片前后相邻，则可用拖动的方法选择，也可通过 Shift 键来选择，即先单击连续区域的第一或最后一张幻灯片，然后在按住 Shift 键的前提下，单击最后或第一张幻灯片即可；若选择一组不相邻的幻灯片，在按住 Ctrl 键的情况下，逐个单击要选择的幻灯片即可。

③移动和复制幻灯片。拖动—释放的方法。选择要移动的单个或多个幻灯片，然后指向其中某个幻灯片开始拖动，此时会出现一个幻灯片图标，在拖动到的位置会出现一个竖直线段，它标志被拖动的幻灯片将出现的位置，释放后，幻灯片即定位于竖直线段标识的位置后面。若要复制幻灯片，在拖动幻灯片的同时按住 Ctrl 键即可。

④增加/删除幻灯片。增加幻灯片：选择要增加幻灯片位置前面的幻灯片,单击“新幻灯片”按钮，则在演示文稿中增加了一个尚无实质内容的新幻灯片，此时可回到幻灯片视图中建立其内容。

删除幻灯片：先选择该幻灯片，然后按 Del 键即可。

⑤隐藏幻灯片。选择要隐藏的幻灯片，然后单击【隐藏幻灯片】按钮即可。幻灯片放映中不放映隐藏的幻灯片。

⑥播放幻灯片。在幻灯片放映视图下，从当前幻灯片开始放映其后的所有幻灯片。

在幻灯片放映视图中可以选择鼠标的定制，如在播放时永远隐藏鼠标，或自动隐藏鼠标，或者选择绘图笔形式，在演讲时，即兴在演示屏幕上写些东西。

在幻灯片放映视图中通常单击鼠标左键，幻灯片会继续执行，或者切换到下一张幻灯片，或者执行下一个动画。可以使用鼠标右键的快捷菜单，跳转到前一张或后一张幻灯片，也可以根据幻灯片标题直接跳转到任意张幻灯片上。

幻灯片放映视图通常也可以对键盘中某些特殊键操作做出反应，例如左右箭头键、空格键、回车键、Home 键、End 键、Esc 键等。

9.2.5 演示文稿的制作过程

演示文稿的制作，一般要经历下面几个步骤：

①准备素材：主要是准备演示文稿中所需要的一些图片、声音、动画等文件。

②确定方案：对演示文稿的整个构架做一个设计。

③初步制作：将文本、图片等对象输入或插入到相应的幻灯片中。

④装饰处理：设置幻灯片中的相关对象的要素（包括字体、大小、动画等），对幻灯片进行装饰处理。

⑤预演播放：设置播放过程中的一些要素，然后播放查看效果，满意后正式输出播放。

9.3 案例制作及技能要点

9.3.1 创建演示文稿

PowerPoint 2003 向用户提供了几种新建演示文稿的方式："内容提示向导"和"设计模板"、"空白演示文稿"创建演示文稿。

启动 PowerPoint，出现 PowerPoint 新建演示文稿对话框。

（1）使用内容提示向导创建演示文稿

PowerPoint 根据现实生活中常用的演示文稿情况，在"根据内容提示向导"的引导下，用户可以很容易地创建出所需要的演示文稿。"内容提示向导"不但能够帮助用户完成演示文稿的相关格式的设置，还能够帮助输入演示文稿的主要内容。方法为：

①启动 PowerPoint，当出现如图 9-3 所示的 PowerPoint 对话框时，单击【根据内容提示向导】，然后单击【下一步】按钮；

②在出现的"内容提示向导"对话框中单击【下一步】按钮，进入"内容提示向导——[通用]"对话框，如图 9-4 所示；

③在出现的"内容提示向导——[通用]"对话框中选择一种演示文稿类型，单击【下一步】按钮；

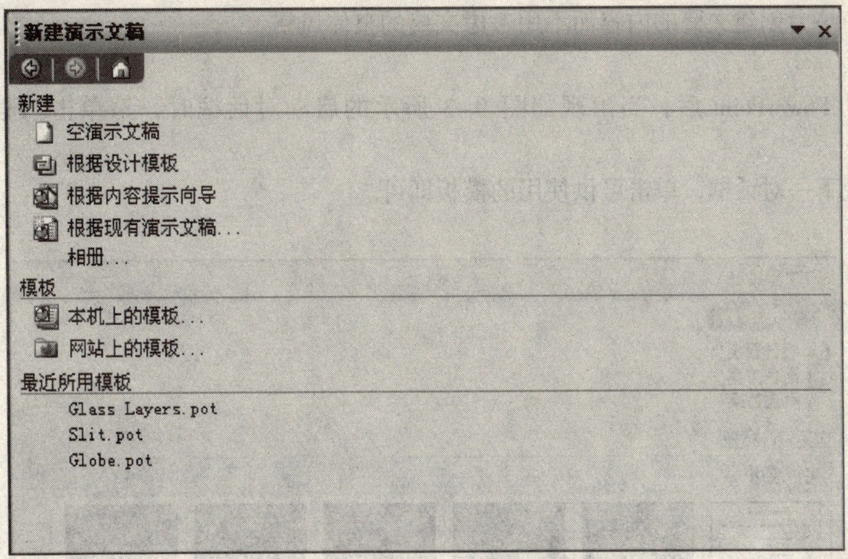

图 9-3　新建演示文稿对话框

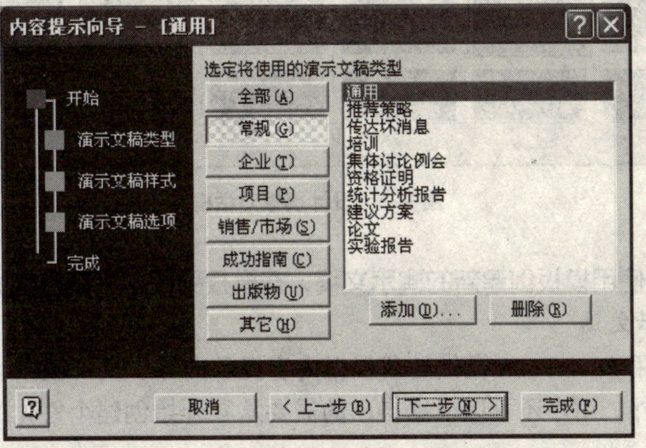

图 9-4　内容提示向导——[通用] 对话框

④在接下来的对话框中依次设置演示文稿输出类型、选项，最后单击【完成】按钮即可建立选定类型的演示文稿。

[练习 9-1] 试利用内容提示向导建立一个培训的演示文稿。

[练习 9-2] 在PowerPoint 环境中进行各个视图之间的切换，单击屏幕左下方的 5 个视图按钮 (普通视图、大纲视图、幻灯片视图、幻灯片浏览视图、幻灯片放映)，体验各视图的不同处。

[练习 9-3] 切换到幻灯片浏览视图方式下，对演示文稿进行整体的管理，练习幻灯片的移动，复制，删除，隐藏，并放映幻灯片观看效果。

(2) 使用模板创建演示文稿

刚学习创建演示文稿时，可能对文稿没有特殊的构想，最好使用模板，它能够帮助用户集中精力创建文稿的内容而不用考虑文稿的整体风格。

方法：

启动 PowerPoint 后，当出现如图 9-3 所示的启动对话框时，请单击【根据设计模板】。

出现下一对话框，单击可供使用的模板即可。

图 9-5 设计模板对话框

[练习 9-4] 使用模板创建新的演示文稿，在模板列表中浏览各模板的样式。

(3) 自制演示文稿

除了可以利用 PowerPoint 提供的“根据内容提示向导”及“根据设计模板”的格式来设计演示文稿外，用户还可以根据自己的需要从零开始创建个性化的演示文稿。具体步骤如下：

①启动 PowerPoint，在出现的“PowerPoint”对话框（见图 9-3）中单击【空演示文稿】。

②在出现的“幻灯片版式”对话框中单击“应用幻灯片版式”中的一种即可。

③如果想要为建立的演示文稿添加新幻灯片，选择【插入】菜单中的【新幻灯片】命令，则会出现“幻灯片版式”对话框，从中选择所需的幻灯片版式。

[案例实践 9-1] 建立一个空演示文稿，并以自己的学号作为文件名字存盘。

9.3.2 编辑演示文稿内容

(1) 文本编辑

①在幻灯片视图方式下编辑文本。PowerPoint 幻灯片视图中的文本主要有三种格式：标题、正文项目及文本框。标题和正文项目一般是幻灯片版式中所固有的。如果想为幻灯片添加另外的文本信息，通常由用户以文本框的形式添加。

新建演示文稿时，在选择某种幻灯片版式后，该幻灯片会自动给出相应对象的虚框，通常称为占位符。在占位符中输入文本的方法为：单击占位符中的任意位置，该占位符的原始示例文本将消失，占位符内出现一个闪烁的插入点，即可输入文本了。输入文本时，PowerPoint 会自动将超出占位符的部分转到下一行。输入完毕，单击幻灯片的空白区域即可。

另外，可以对幻灯片中的对象整体进行移动，只要首先选中对象，然后按方向键即可。其他有关文本格式的设置同 Word，这里不再重述。

[练习 9–5] 新建一个空演示文稿，在文稿内输入文本，设置文本的字体为宋体，字号小四，并添加文本框，设置文本框背景为红色，比较其与 Word 中的应用的异同。

②在大纲视图方式下编辑文本和幻灯片。在大纲视图中主要显示组成演示文稿大纲的各个幻灯片的标题和主要的文本信息，因此，可以在该视图中查看贯穿各幻灯片的主要构想，最适合组织演示文稿的思路。在该视图中利用大纲工具栏，可以任意改变幻灯片在演示文稿中的位置、改变幻灯片内容的层次关系等。此外，还可以利用已有的 Word 文档创建演示文稿的大纲，只要在 Word 中打开创建好的文档，然后选择【文件】菜单中的【发送】命令，从级联菜单中选择“Microsoft PowerPoint”选项，此时将打开 PowerPoint，并在其中创建一个新的演示文稿。需要注意的是，PowerPoint 将依据 Word 文档样式来创建演示文稿的大纲，即标题 1 成为幻灯片标题，标题 2 成为第一级层次文本，以此类推；如果导入的 Word 文档未包含任何样式，则 PowerPoint 将使用段落的缩进来创建大纲。

③使用“大纲”工具栏可以快速组织演示文稿，为了显示“大纲”工具栏，可以用鼠标右键单击任意一个工具栏，从弹出的快捷菜单中选择【大纲】命令，“大纲”工具栏（如图 9–6 所示）就会显示在屏幕中。“大纲”工具栏中包括【升级】、【降级】、【上移】、【下移】、【折叠】、【展开】、【全部折叠】、【全部展开】、【摘要幻灯片】、【显示格式】按钮（与工具栏顺序相同），功能与 Word 中基本相同。

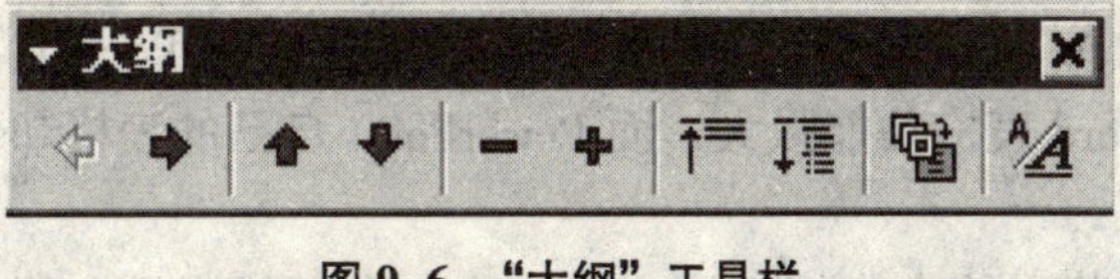

图 9–6　“大纲”工具栏

[案例实践 9–2] 打开上次实践保存的文件，填写标题幻灯片的主标题为“××班级总结及××个人介绍”其中××为你所在班级的名称和个人名字；副标题为本人邮箱地址及联系电话；新建一页幻灯片，用简单的文字介绍自己的班级；新建一页幻灯片，标题为“个人资料”，版式类似 ，并列出“姓名，年龄，住址，联系电话”等信息；新建一页幻灯片，标题为“个人爱好”；新建若干页幻灯片，具体说明每一项个人爱好；保存文稿。

(2) 非文本对象编辑

非文本对象主要包括图形、表格、图表、组织结构图、图片剪贴画和媒体剪辑等。操作步骤大致如下：首先选择包含相应对象格式的幻灯片自动版式，双击非文本对象区域即可对相应对象进行选择或编辑。这里只对剪贴画、表格和图表、组织结构图对象的操作简述如下，其他对象的操作与之类似，不再赘述。

①插入剪贴画。插入剪贴画有两种方法：一种是利用自动版式建立带剪贴画的幻灯片；另一种是向已存在的幻灯片中插入剪贴画。

• 利用自动版式建立带剪贴画的幻灯片。先建立一个新的演示文稿，并选择【文本与剪贴画】版式。

双击带有剪贴画图标的占位符，即可出现“选择图片”对话框，单击其中一个剪贴画，单击【确定】按钮，即可将选定的剪贴画插入到幻灯片中预定的位置。

• 向已存在的幻灯片中插入剪贴画。在幻灯片视图中，显示要插入剪贴画的幻灯片。

选择【插入】菜单中的【图片】命令，在出现的级联菜单中选择【剪贴画】命令，出现“剪贴画”对话框，单击其中一个剪贴画，即可将选定的剪贴画插入到显示的幻灯片中。

有时候需要对插入到幻灯片中的剪贴画的朝向进行调整，此时可以使用 PowerPoint “绘图”中的“旋转或翻转”功能。但在改变剪贴画方向之前，需要通过【取消组合】命令先取消剪贴画的元素组合并在随后出现的警告提示中选择【确定】按钮，然后重新选择并组合剪贴画中包含的元素，最后通过“旋转或翻转”功能即可达到预期效果。

[练习 9-6] 建立一个新的演示文稿，并选择“文本与剪贴画”版式；调出“Microsoft 剪辑图库”对话框，单击某一类型并选择其中一个剪贴画插入幻灯片中。

②插入表格。表格常常是显示和表达数据的最好方式。PowerPoint 2000 有自己的表格制作功能，因此不必再依靠 Word 或 Excel 来制作表格了，而且其使用方式跟 Word 的表格制作是一样的。如果对 Word 比较熟悉的话，那么很容易在幻灯片中创建表格。

在幻灯片中插入表格，通常有两种方法：一种方法是用 Word 中的表格制作模块，然后再在幻灯片中插入 Word 表格；另一种方法是利用 PowerPoint 自己的表格功能，插入一个简易的表格。Word 表格功能强大，而 PowerPoint 自己的表格却便于加工修改，二者都有各自的特点。

• 利用自动版式建立纯表格幻灯片。先建立一个新的演示文稿，在“新幻灯片”对话框中选择含有表格的版式；双击幻灯片中的表格占位符，即可出现“插入表格”对话框，如图 9-7 所示。

在“列数”数值框和“行数”数值框中分别输入表格的列数和行数，然后单击【确定】按钮，即可在幻灯片上生成表格。

• 向已存在的幻灯片中添加表格。在【插入】菜单中选择【表格】命令，则打开“插入表格”对话框。

在该对话框中指定“行数”和“列数”，然后单击【确定】按钮。

• 插入 Word 表格。选择【插入】菜单中的【图片】命令，再从级联菜单中选择【Microsoft Word 表格】命令；单击该命令，调出插入表格对话框（见图 9-7）。

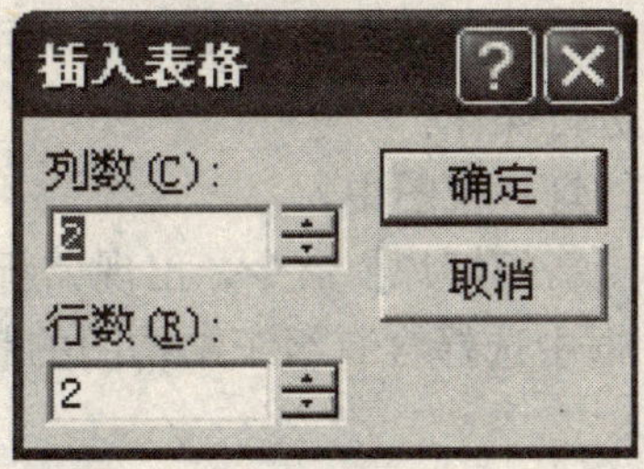

图 9-7　插入表格对话框

在对话框中定义表格的行数和列数，单击【确定】按钮即可。

此时，PowerPoint 的工具栏和菜单栏临时被 Word 的工具栏和菜单栏所替代，在编辑表格时，便可以使用 Word 的功能和命令。当完成表格的绘制后，单击表格以外的任何区域即可完成插入 Word 表格的操作，PowerPoint 的工具栏和菜单栏就会自动显现。

③插入图表。图表以视觉显示的方式表达数据，而不是用文字。用一个好的图表来表示数据，可以使数据更清晰、更易于理解。在幻灯片上插入图表不仅可以增强演示文稿的美感，而且能够给观众留下深刻的印象。

PowerPoint 允许插入直观反映数据变化的图表，如直方图、折线图、饼图、散点图等。点击  按钮或通过【插入】菜单中的【图表】命令，就可以进入简易数据输入区，输入图表将表现的数据，点击幻灯片其他位置即可。

图表插入后，可以点击鼠标右键进行各种修改，如图表类型、数据内容、图表选项、图表区格式等。

也可以直接把 Excel 中的图表粘贴到幻灯片中，这种情况下的图表仍是静态的。只有通过插入对象的方式，选择链接选项时，幻灯片中数据才能与 Excel 中原文件数据保持动态一致。

④插入绘制的图形。在宣传思想、介绍观点时，一幅生动形象的图形往往能够胜过千言万语。在演示文稿中，生动有趣的图形和文字配合在一起，可以大大增强演示文稿的演示效果。本章主要介绍如何利用“绘图”工具栏在幻灯片上绘制图形。

与 Word 中的绘图工具一样，PowerPoint 2003 提供了功能非常强大的“绘图”工具栏。“绘图”工具栏的“自选图形”菜单中提供了许多能够任意改变形状的自选图形，用户可以利用它们绘制各种线条、连接符、几何图形、星形以及箭头等较复杂的图形。另外，还可以利用“绘图”工具栏中提供的工具按钮对绘制的图形进行旋转、翻转或添加颜色等，并与其他图形组合为更复杂的图形。

⑤插入组织结构图。在介绍某单位或部门的结构关系或层次关系时，经常要采用一类形象的表达结构、层次关系的图形，该类图形称为组织结构图。虽然在 PowerPoint 中可以通过“绘图”工具栏提供的基本形状来表达一个机构的组成情况，但是它们相互之间缺少应有的内在联系，很难对它们进行统一的控制。

PowerPoint 2000 自带一个组织结构图模块，即“MS 组织结构图 2.0”，利用该模块可以根据用户的要求快速、简单地绘制出各种组织结构图。

利用自动版式建立含组织结构图的幻灯片，如果要利用自动版式建立含组织结构图的幻灯片，可以按照下述步骤进行操作：

- 打开演示文稿，切换到幻灯片视图中。
- 单击【插入】菜单中的【新幻灯片】命令，出现“新幻灯片”对话框。
- 在“请选取自动版式”框中选择含有组织结构图的版式，单击【确定】按钮，如图 9-8 所示。

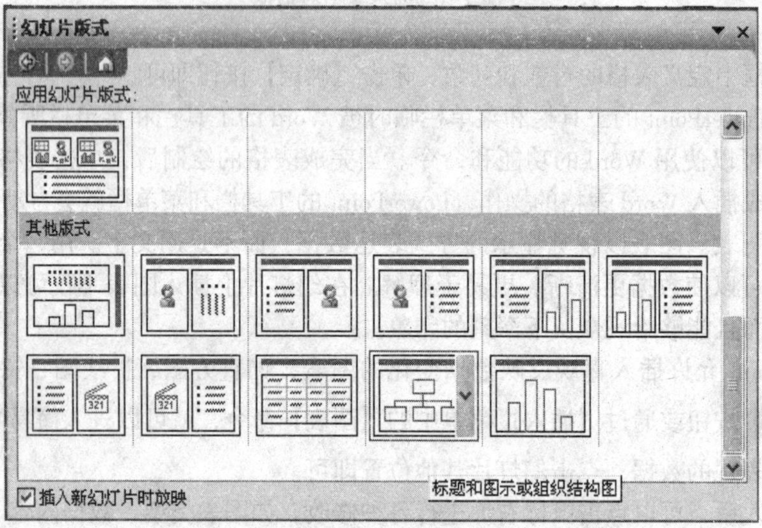

图 9-8 含有组织结构图的版式

该幻灯片上含有两个占位符：上面的占位符用于输入标题，下面的占位符用于插入组织结构图。

- 双击组织结构图占位符，即可启动“Microsoft 组织结构图”。
- 向组织结构图的各个图框中输入文本，并进行必要的格式化。
- 建好组织结构图后，选择【文件】菜单中的【退出并返回到演示文稿】命令返回到 PowerPoint 演示文稿中。组织结构图被插入到当前幻灯片中。

[练习 9-7] 插入一张含有组织结构图占位符的幻灯片，然后创建所需的组织结构图。练习向组织结构图中添加图框，并输入文本。

[案例实践 9-3] 打开上次实践保存的文件，为“个人资料”页中插入自己的照片；为各爱好页中插入与之相关的图片；添加一页新幻灯片——含有组织结构图占位符的幻灯片，建立本班级的组织结构图；添加一页新幻灯片——含有图表占位符的幻灯片，利用图表显示去年班级各科成绩总结（3~4 科）；保存文稿。

9.4 实践内容

9.4.1 案例实践

[案例实践 9-1] 建立一个空演示文稿，并以自己的学号作为文件名字存盘。

[案例实践 9-2] 打开上次实践保存的文件，填写标题幻灯片的主标题为“××班级总结及××个人介绍”其中××为你所在班级的名称和个人名字；副标题为本人邮箱地址及联系电话；新建一页幻灯片，用简单的文字介绍自己的班级；新建一页幻灯片，标题为“个人资料”，版式类似  ，并列出“姓名，年龄，住址，联系电话”等信息；新建一页幻灯片，标题为“个人爱好”；新建若干页幻灯片，具体说明每一项个人爱好；保存文稿。

[案例实践 9-3] 打开上次实践保存的文件，为“个人资料”页中插入自己的照片；为各爱好页中插入与之相关的图片；添加一页新幻灯片——含有组织结构图占位符的幻灯片，建立本班级的组织结构图；添加一页新幻灯片——含有图表占位符的幻灯片，利用图表显示去年班级各科成绩总结（3~4 科）；保存文稿。

9.4.2 案例练习

[练习 9-1] 试利用内容提示向导建立一个培训的演示文稿。

[练习 9-2] 在 PowerPoint 环境中进行各个视图之间的切换，单击屏幕左下方的 5 个视图按钮 （普通视图、大纲视图、幻灯片视图、幻灯片浏览视图、幻灯片放映），体验各视图的不同之处。

[练习 9-3] 切换到幻灯片浏览视图方式下，对演示文稿进行整体的管理，练习幻灯片的移动，复制，删除，隐藏，并放映幻灯片观看效果。

[练习 9-4] 使用模板创建新的演示文稿，在模板列表中浏览各模板的样式。

[练习 9-5] 新建一个空演示文稿，在文稿内输入文本，设置文本的字体为宋体，字号小四，并添加文本框，设置文本框背景为红色，比较其与 Word 中的应用的异同。

[练习 9-6] 建立一个新的演示文稿，并选择“文本与剪贴画”版式；调出“Microsoft 剪辑图库”对话框，单击某一类型并选择其中一个剪贴画插入幻灯片中。

[练习 9-7] 插入一张含有组织结构图占位符的幻灯片，然后创建所需的组织结构图。练习向组织结构图中添加图框，并输入文本。

第 10 章 设置演示文稿的外观

10.1 案例背景

创建演示文稿后，还应该对演示文稿进行美化修饰，以改进其视觉效果。

PowerPoint 的一大特色就是可以使演示文稿中的所有幻灯片具有统一的外观。控制幻灯片外观的方式有三种：母版、配色方案和设计模板。有效地利用这些方式可以使幻灯片和整个演示文稿变得绚丽多姿，获得良好的演示效果。

10.2 母版及页眉页脚

10.2.1 母版

母版用于设置每张幻灯片的预设格式，这些格式包括：每张幻灯片都要出现的文本或图形；标题文本的大小、位置以及文本的颜色；正文文字的大小、位置以及各个项目符号的样式；背景颜色等。

母版分为四种类型：幻灯片母版、标题母版、讲义母版和备注母版。

幻灯片母版控制在幻灯片上输入的标题和文本的格式与类型；标题母版控制标题幻灯片的格式和位置，以及设置演示文稿标题和副标题的格式；备注母版用于控制备注页的版式以及备注文字的格式；讲义母版用于添加或修改在每页讲义中出现的页眉或页脚信息。母版还包含背景项目，例如放在每张幻灯片或标题幻灯片上的图形。对母版进行的更改将影响每张幻灯片。如果要使个别的幻灯片外观与母版不同，请直接修改该幻灯片。在 PowerPoint 中，只有用“根据内容提示向导”或“根据设计模板”建立的演示文稿才允许直接定义“标题母版”，以其他方式建立的演示文稿不能直接执行“标题母版”命令。

这里我们以幻灯片母版的设计为例，其他标题母版、讲义母版和备注母版可以仿照此来设置。

切换到幻灯片母版的方法：

方法一：请单击【视图】菜单中的【母版】命令，再从其级联菜单中选择【幻灯片母版】命令；

方法二：按住【Shift】键的同时单击【幻灯片视图】按钮；进入幻灯片母版，如图10-1所示。

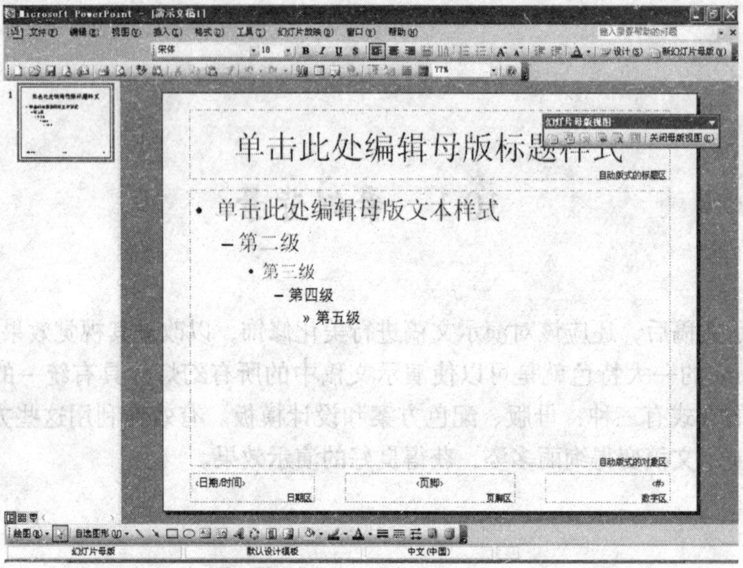

图 10-1　幻灯片母版

在幻灯片母版中，包括标题区、正文区、日期区、页脚区和数字区。这些占位符中的提示文字并不会真正显示，占位符也不会真正显示。不过，可以选定这些对应的占位符，设置文字的格式，以便在真正加入文字时采用该格式。包括设置调整占位符位置和大小，更改文本格式，更改不同级别文本的项目符号及向幻灯片母版中添加对象，都与前面普通幻灯片的设置更改方法相同，这里不再赘述。

[练习 10-1] 改变占位符的大小，改变标题区的填充效果，关闭母版后观察效果。

[练习 10-2] 更改不同级别文本的项目符号如图 10-2 所示。

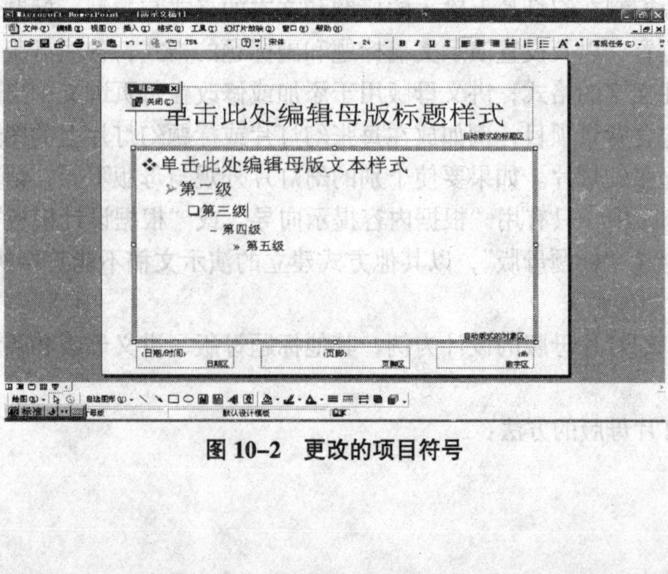

图 10-2　更改的项目符号

[练习 10-3] 要插入一幅图片，可以按照下述步骤进行操作：

单击【视图】菜单中的【母版】命令，再从其级联菜单中选择【幻灯片母版】命令，进入幻灯片母版；单击【插入】菜单中的【图片】命令，再从其级联菜单中的【来自文件】命令，打开【插入图片】对话框；选择一幅图片；单击【插入】按钮，然后通过图片周围的句柄调整图片的大小；单击【母版】工具栏上的【关闭】按钮，返回到幻灯片视图中；单击【幻灯片浏览视图】按钮切换到幻灯片浏览视图中，可以发现每张幻灯片中均出现插入的图片。

[案例实践 10-1] 打开上次实践保存的文件，修改母版格式并向母版中插入对象，我们可以在母版中加入任何对象（如文本框、图片等），则每张幻灯片中也都会自动拥有该对象。例如，插入公司的徽标，则每张幻灯片中都会显示出公司的徽标了。当在母版中加入了对象，用户虽然可以在每张幻灯片中看到它，但是却不能针对某一张幻灯片来修改它。要使每一张幻灯片中都出现某个对象，可以向母版中插入该对象。修改幻灯片母版，将标题占位符改成加粗带阴影的隶书字体，正文各项目符号改为不同颜色，字体；将页脚区移到幻灯片的左上方，并添加“北京科技大学”及演示文稿的制作者姓名（标题幻灯片中不显示此项内容），将数字区移至幻灯片中间下方位置；向母版中插入一张小的标志性图片，例如北京科技大学的校徽；保存演示文稿。

10.2.2 页眉和页脚

页眉和页脚是加在演示文稿中的注释性内容，典型的页眉和页脚是日期、时间以及幻灯片编号。

(1) *添加页眉和页脚*

选择【视图】菜单中的【页眉和页脚】命令，出现“页眉和页脚”对话框（如图 10-3 所示），然后单击“幻灯片”选项卡；

要添加日期和时间，则选择【日期和时间】复选框，然后选择【自动更新】或【固定】单选按钮；

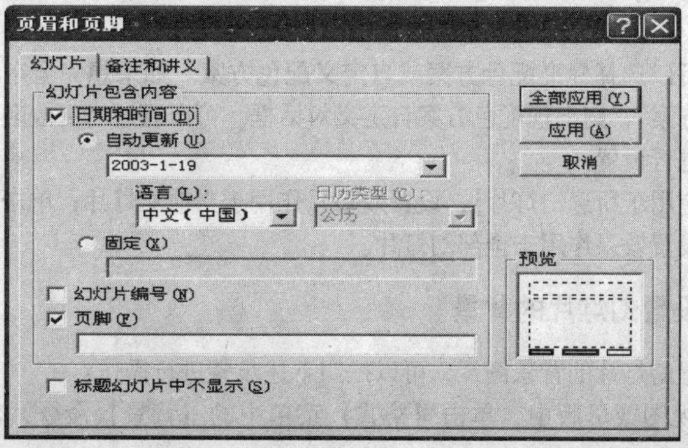

图 10-3 “页眉和页脚”对话框

要添加幻灯片编号，则选择【幻灯片编号】复选框；

可根据需要看是否选择【页脚】、【标题幻灯片中不显示】复选框；

设置完毕后，单击【应用】按钮，可将这些设置应用于当前的幻灯片中，单击【全部应用】按钮，可将这些设置应用于所有的幻灯片中。

(2) 修改页眉和页脚

当在幻灯片中插入页眉和页脚后，它们都将出现在默认位置上，若要修改它们的字体、字号、位置，则必须选择【视图】菜单中的【母版】命令，再从级联菜单中选择【幻灯片母版】命令，进入幻灯片母版，单击要修改的对象（如日期区、页脚区和数字区等），进行修改。

[案例实践 10-2] 打开上次实践保存的文件，添加页眉和页脚，在母版中修改其字体、字号，填充其背景为过渡颜色，保存文稿。

10.3 配色方案及背景

10.3.1 配色方案

所谓配色方案，是指一组可以应用到所有幻灯片、个别幻灯片、备注页或听众讲义的均衡颜色。配色方案由八种颜色组成，包括文本、背景、填充、强调文字所用的颜色。方案中的每种颜色都会自动用于幻灯片上的不同组件。可以挑选一种配色方案用于个别幻灯片或整份演示文稿中。在演示文稿中应用设计模板时，可以从每个设计模板预定义的配色方案中选择。通过这种方式，可以很容易地更改幻灯片或整份演示文稿的配色方案，并确保新的配色方案和演示文稿中的其他幻灯片相互协调。

幻灯片配色方案的具体操作步骤如下：

①单击【格式】菜单中的【幻灯片设计】命令，出现图 10-4 的幻灯片设计窗口，单击配色方案，则出现“配色方案”对话框（见图 10-4）。

②在这里可以选择标准配色方案或自定义配色方案。如果想完全定制配色方案，单击“编辑配色方案”，则出现配色方案自定义对话框。可以通过【更改颜色】按钮对配色方案颜色各项进行设置。

③选择【应用于所选幻灯片】，设置效果只作用于当前幻灯片；单击【应用于所有幻灯片】按钮，设置效果作用于全部幻灯片。

10.3.2 设置幻灯片的背景

如果要设置幻灯片的背景图片，可以按照下述步骤进行操作：

在幻灯片视图或母版中，单击【格式】菜单中的【背景】命令，出现【背景】对话框。

单击【背景填充】区域下方下拉列表框右边的向下箭头，从下拉列表中选择【填充

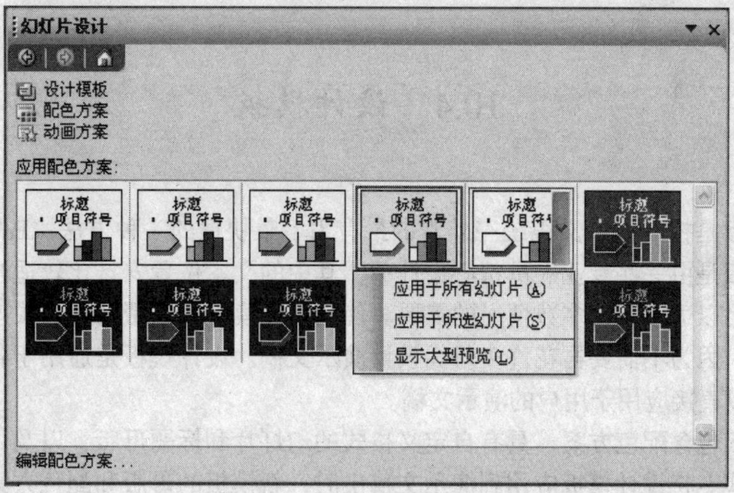

图 10–4　“配色方案”对话框

效果】，在出现的【填充效果】对话框中单击【图片】标签。

单击【选择图片】按钮，在【选择图片】对话框中查找包含所需图片的文件夹，然后双击要作为背景的图片。

选择完毕后，单击【确定】按钮返回到【背景】对话框中，如图 10–5 所示。

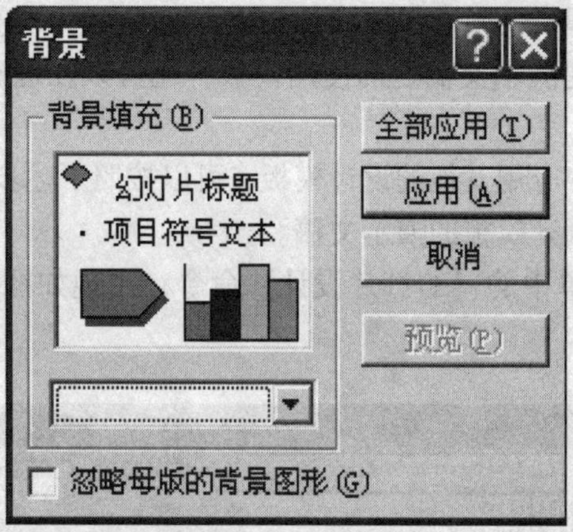

图 10–5　“背景”对话框

如果要将更改应用到当前幻灯片，请单击【应用】按钮。如果要将更改应用到所有的幻灯片和幻灯片母版，请单击【全部应用】按钮。

整体演示文稿需要有统一的风格，但有时出于各种目的，如强调等，需要个别幻灯片的外观与其他幻灯片不同，甚至完全不同于原有演示文稿的应用设计模板。此时，需要注意的几点是，以上操作在幻灯片视图中进行，单击【应用】按钮，在“背景”对话框中，需选中“忽略母版的背景图形”选项。

[案例实践 10–3]　打开上次实践保存的文件，修改幻灯片配色方案，改变标题阴影颜色；增加一张具有特殊背景的幻灯片；保存文稿。

10.4 设计模板

设计模板是控制演示文稿统一外观的最有力、最快捷的一种方法。PowerPoint 中提供的设计模板是由一些专业人员精心设计的，其中的文本位置安排比较适当，配色方案比较醒目，足以适用于大多数情况的需要。使用设计模板可以帮助用户快速创建比较完美的幻灯片，因为不需要再花许多时间设计演示文稿。设计模板是通用于各种演示文稿的模型，可以直接应用于用户的演示文稿。

设计模板包含配色方案、具有自定义格式的幻灯片和标题母版，以及可生成特殊外观的字体样式。将设计模板应用到演示文稿中时，新模板的母版和配色方案将取代原演示文稿的母版和配色方案。应用设计模板后，无论自动版式是什么，添加的每张新幻灯片都会拥有相同的自定义外观。 既可以使用 PowerPoint 提供各种专业设计的模板，也可以自行添加模板。如果为某份演示文稿创建了特殊的外观，可将其存为模板。

（1）应用设计模板

在演示文稿中应用设计模板有两种方法：

方法一：当用户使用“根据内容提示向导”或“根据设计模板”创建一个新演示文稿时，某个特定的模板即自动附着于该演示文稿。

方法二：除了在创建演示文稿之前使用模板，还可以在创建演示文稿后应用其他的设计模板。

如果要在演示文稿中应用其他的设计模板，可以按照下述步骤进行操作：

①打开要应用其他设计模板的演示文稿。

②单击【格式】菜单中的【幻灯片设计】命令，出现如图 10-6 所示的“应用设计模板”对话框。

图 10-6 “应用设计模板”对话框

③在该对话框中单击“浏览”。例如，选择 Cactus 模板，在对话框右侧可预览该模板的形态。

④单击【应用】按钮，即可得到结果。

[练习 10-4] 打开演示文稿，在演示文稿中应用设计模板 Sandstone 模板。

(2) 修改和创建新的设计模板

在 PowerPoint 中，除了可以应用已有的模板，还可以根据自己的需要修改或创建新的设计模板。

修改设计模板一般有两种方法：从幻灯片母版修改设计模板；从配色方案修改设计模板。具体操作同母版及配色方案的操作相同，只要将修改后的效果直接应用于演示文稿或幻灯片即可。

如果用户经常使用某种模板样式、配色方案，而现有的设计模板又没有完全适合的样式，用户可以定制自己的设计模板。在新创建或修改完某种设计模板后，只要将文件保存为“演示文稿设计模板”类型即可，以后就可以使用自己的设计模板了。

具体操作步骤如下：

①打开现有的演示文稿。如果没有可以作为创建基础的演示文稿，可以创建一个空白演示文稿。

②更改演示文稿的设置以符合需要。例如，修改文本占位符中的字体、字号和字形等；更改颜色设置；使用幻灯片母版更改背景上的项目等。

③单击【文件】菜单中的【另存为】命令，打开“另存为”对话框。

④在【保存类型】下拉列表框中选择【演示文稿设计模板】，并选择要保存模板的文件夹。可以将新的设计模板与其他设计模板一起存在默认的文件夹中，或将它保存在自己的文件夹中。

⑤在【文件名】下拉列表框中输入新模板的名称，然后单击【保存】按钮。

[练习 10-5] 以原有的 Sandstone 模板新建一演示文稿，将其第二级的项目编号改为绿色，并以“演示文稿设计模板”类型保存，文件名为 GSandstone.pot。再次以 GSandstone 为模板新建演示文稿。

[案例实践 10-4]“根据设计模板”创建一个新演示文稿，修改模板，对母板及配色方案再次修改，创建自己风格的模板并保存。打开上次实践保存的文件，应用自己设计的模板。

10.5 实践内容

10.5.1 案例实践

[案例实践 10-1] 打开上次实践保存的文件，修改母版格式并向母版中插入对象，我们可以在母版中加入任何对象（如文本框、图片等），则每张幻灯片中也都会自动拥有

该对象。例如，插入公司的徽标，则每张幻灯片中都会显示出公司的徽标了。当在母版中加入了对象，用户虽然可以在每张幻灯片中看到它，但是却不能针对某一张幻灯片来修改它。要使每一张幻灯片中都出现某个对象，可以向母版中插入该对象。修改幻灯片母版，将标题占位符改成加粗带阴影的隶书字体，正文各项目符号改为不同颜色，字体；将页脚区移到幻灯片的左上方，并添加“北京科技大学”及演示文稿的制作者姓名（标题幻灯片中不显示此项内容），将数字区移至幻灯片中间下方位置；向母版中插入一张小的标志性图片，例如北京科技大学的校徽；保存演示文稿。

[案例实践 10-2] 打开上次实践保存的文件，添加页眉和页脚，在母版中修改其字体、字号，填充其背景为过渡颜色，保存文稿。

[案例实践 10-3] 打开上次实践保存的文件，修改幻灯片配色方案，改变标题阴影颜色；增加一张具有特殊背景的幻灯片；保存文稿。

[案例实践 10-4]“根据设计模板”创建一个新演示文稿，修改模板，对母板及配色方案再次修改，创建自己风格的模板并保存。打开上次实践保存的文件，应用自己设计的模板。

10.5.2 案例练习

[练习 10-1] 改变占位符的大小，改变标题区的填充效果，关闭母版后观察效果。

[练习 10-2] 更改不同级别文本的项目符号如图 10-2 所示。

[练习 10-3] 要插入一幅图片，可以按照下述步骤进行操作。

[练习 10-4] 打开演示文稿，在演示文稿中应用设计模板 Sandstone 模板。

[练习 10-5] 以原有的 Sandstone 模板新建一演示文稿，将其第二级的项目编号改为绿色，并以“演示文稿设计模板”类型保存，文件名为 GSandstone.pot。再次以 GSandstone 为模板新建演示文稿。

第 11 章　设计幻灯片放映

11.1　案例背景

无论用户采用什么方式创作演示文稿，最终的目的都是希望将演示文稿展示给观众。尽管用户可以将幻灯片打印出来，制作成胶片或 35 毫米的幻灯片，但是直接在计算机上播放演示文稿，将更能发挥 PowerPoint 的优越性。

在计算机上播放演示文稿时，能够充分利用计算机的多媒体特性，提高演示文稿的表现能力，而且易于引发观众的兴趣，充分调动观众的积极性。

11. 2　多媒体幻灯片的制作

为了改善幻灯片放映时的视听效果，用户可以向幻灯片中插入声音、视频等多媒体对象，这样可以制作出声色俱佳的幻灯片。PowerPoint 插入的影片、声音可以是存在于剪辑库中的，也可以直接来自于文件，或者来自于使用 Windows 操作系统录制的声音文件或旁白。

11.2.1　插入外部文件的声音

以插入外部文件的声音为例，如果要在幻灯片中插入现有的声音文件，可以按照下述步骤进行操作：

①在普通视图或幻灯片视图中，显示要添加声音的幻灯片。

②单击【插入】菜单中的【影片和声音】命令，从其级联菜单中选择【文件中的声音】命令，会出现一个对话框（该对话框类似于“打开”对话框）。

③在对话框中选择要插入的声音的文件名，然后单击【确定】按钮，将出现对话框，提示在幻灯片放映时如何开始播放声音，根据需要单击“自动”或者“在单击时”按钮。

④在幻灯片上会出现一个声音图标。

11.2.2 播放设定

插入影片、声音的部位在幻灯片播放时鼠标会由原定空心箭头转变为隐含超级链接的小手标志，单击声音图标或插入影片的位置，可以播放影片或声音文件。

有时候需要自动播放背景音乐或解说词，可以在【幻灯片放映】菜单下选择【自定义动画】命令，出现“自定义动画”对话框（见图 11-1），首先选中多媒体对象，使其出现在动画顺序中，然后再选择相应的播放顺序。

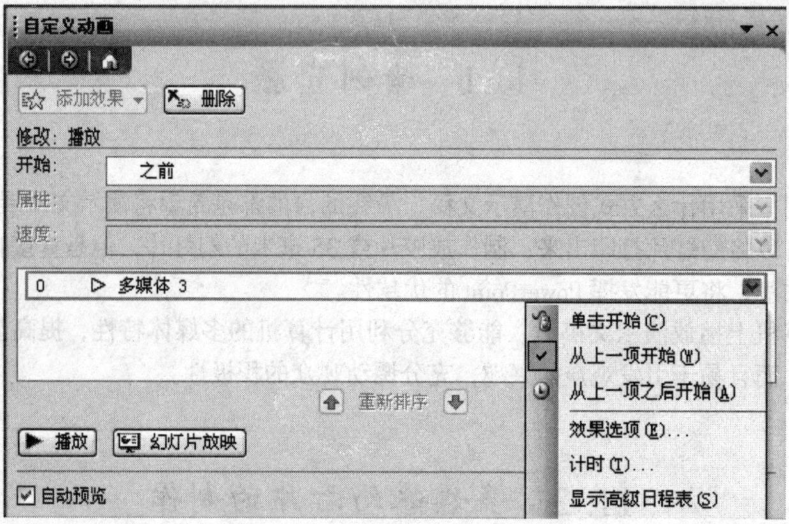

图 11-1 “自定义动画”对话框

另外，还可以通过单击【效果选项】设置多媒体对象与幻灯片的放映方式。如果需要循环播放音乐，可以在【计时】选项卡中的【重复】下拉框中进行相应的选择。

[案例实践 11-1] 打开上次实践保存的文件，插入背景音乐；保存文稿。

11.3 动画设计

动画设计包括幻灯片切换的动画设计和幻灯片对象的动画设计。

11.3.1 幻灯片切换的动画设计

除了可以在幻灯片浏览视图中定义幻灯片切换形式以外，在幻灯片普通视图中也可以通过菜单来定制幻灯片切换效果。

在【幻灯片放映】菜单下，单击【幻灯片切换】命令，会出现“幻灯片切换”对话框（见图 11-2）。在此对话框中，可以定制幻灯片切换动画效果、速度、换页方式、幻灯片切换时的声音等内容。

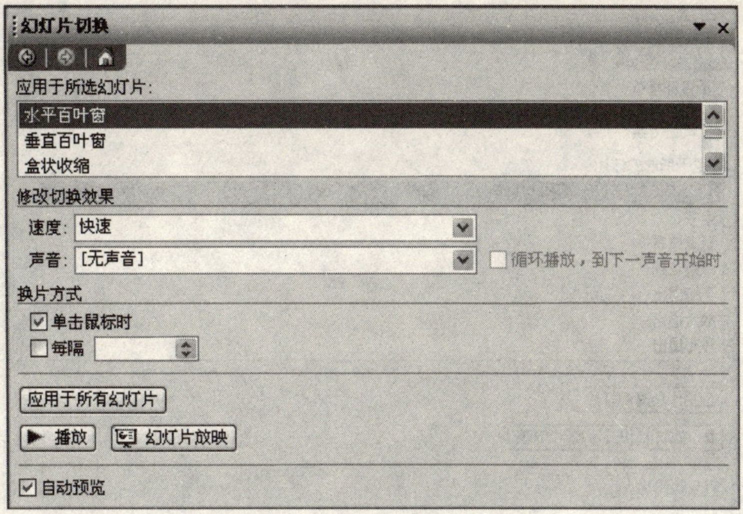

图 11–2　“幻灯片切换”对话框

[案例实践 11–2] 打开上次实践保存的文件，设置幻灯片切换效果，并放映观察切换效果；保存文稿。

11.3.2　幻灯片对象的动画设计

用户可以为幻灯片上的文本、形状、声音、图像和其他对象设置动画效果，这样就可以突出重点，控制信息的流程，并提高演示文稿的趣味性。例如，可以让每个项目符号单独出现，或者让对象逐个出现。还可以设置每个项目符号或者对象出现在幻灯片上的方式（例如，从左侧飞入或从右侧飞入等）以及添加新的组件时，是否要让其他项目符号或者对象变暗或者改变颜色。

用户也可以更改动画播放的顺序和时间，并且将它们设置为自动出现而不需要单击鼠标。

为了使动画的播放能跟随演讲者的节拍，演讲者可以事先对幻灯片中的对象定制动画。设置幻灯片对象动画效果一般可以使用以下几种方法：

(1) 使用“预设动画”命令设置对象动画效果

①首先选定要设计动画效果的对象；

②选择【幻灯片设计】菜单中的【动画方案】命令，则出现选择动画方案的对话框(见图 11–3)；

③选择所需的动画效果即可。

如果想要预览所设对象的动画效果，单击【幻灯片放映】菜单中的【动画预览】命令，则屏幕上出现一个动画预览小窗口，单击小窗口即可预览。

(2) 使用“自定义动画”命令设置对象动画效果

在【幻灯片放映】菜单下，选择【自定义动画】命令，可进入【自定义动画】对话框（图 11–1）。

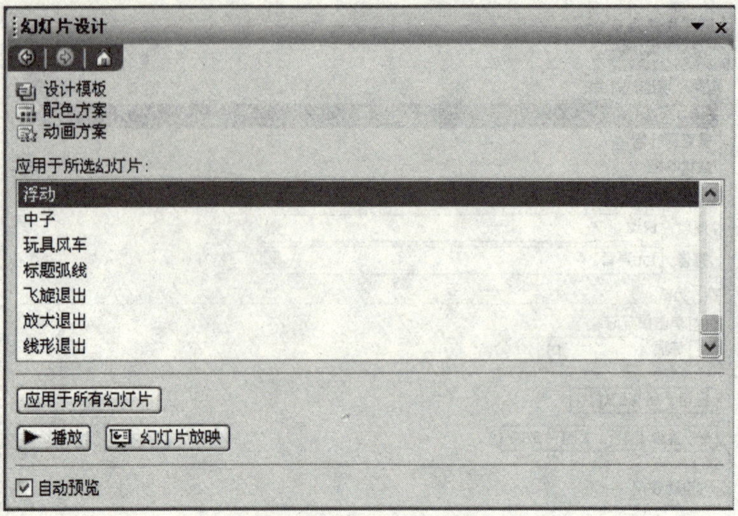

图 11–3　预设动画类型

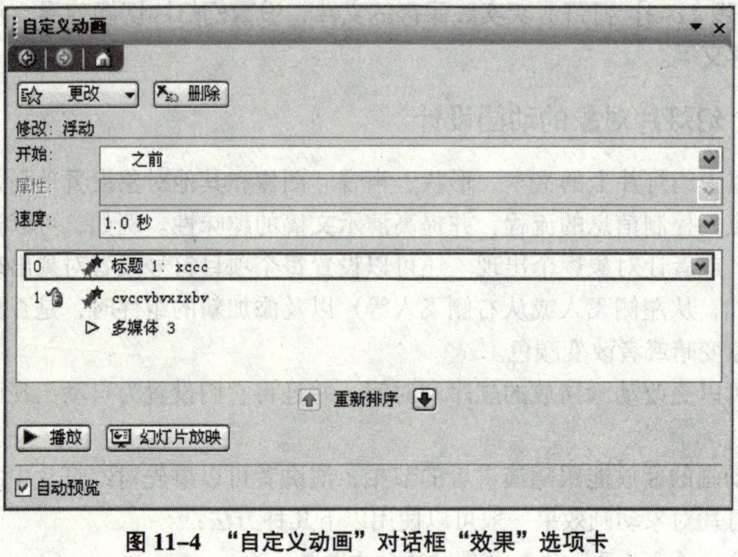

图 11–4　“自定义动画”对话框“效果”选项卡

单击按钮 ⬇ ⬆ 就可以对幻灯片中的组件进行排序。选中其中的某一组件，单击【更改】，选择相应的动画效果，就可以设置它的动画效果。

[案例实践 11–3]　打开上次实践保存的文件，为适当的对象（文本、图片等）添加合适的动画效果，观察放映效果，反复修改直至满意；保存文稿。

11.4 创建交互式演示文稿

11.4.1 设置交互式对象

幻灯片中的任何对象都可设置为交互式的，使得单击它们就可引发某个事件。选中幻灯片中某个对象，可以对其设置鼠标单击时可能引发的事件或动作。通常在“幻灯片放映”菜单下，选择“动作设置”命令，会出现“动作设置”对话框（见图 11-5）。

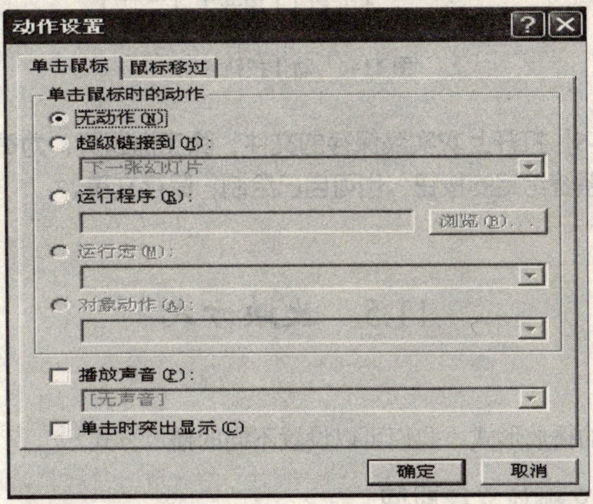

图 11-5　“动作设置”对话框

在此对话框中，可以设置鼠标单击或移过时的动作。如单击后超级链接到某张幻灯片、某个文件、演示文稿、URL 地址等；也可以单击后执行某个程序，运行某个宏程序等。同时，针对鼠标单击的动作，可以定制播放声音，或者突出显示等特殊效果。建立交互式演示文稿主要是通过插入超级链接方式进行的。

插入超级链接一方面可以通过在【幻灯片放映】菜单下，选择【动作设置】命令进行设置；另一方面可以直接在【插入】菜单下选择【超级链接】。

[案例实践 11-4] 打开上次实践保存的文件，为整篇文稿添加一页内容说明页，罗列出文稿中的各项内容，将其位置调整到标题页（第一页）后面，并为每一项建立超级链接到文稿中该项内容的幻灯片；为“个人爱好”页中的每项爱好建立超级链接到文稿中该爱好内容的幻灯片；保存文稿。

11.4.2 设计交互按钮

PowerPoint 为演示文稿预设了动作按钮，这些动作按钮能够实现幻灯片演示过程中的基本交互功能。在自定义按钮上可以加入有特色的文字或图片，来设计漂亮的交互界面。每个动作按钮都必须通过单击【幻灯片放映】菜单中的【动作按钮】命令出现的级联菜单中的按钮来设置动作，如运行某个程序或超级链接到某个地址、文件等。

级联菜单中的按钮说明如图 11–6 所示。

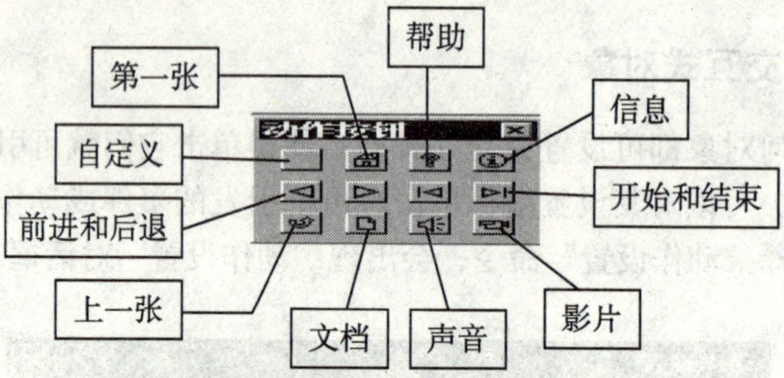

图 11–6 动作按钮说明

[案例实践 11–5] 打开上次实践保存的文件，除了标题页，为每页幻灯片添加前进和后退按钮，可用系统给定的按钮，也可自己绘制；保存文稿。

11.5 放映方式

根据演示文稿的播放形式，我们可以设置不同的播放方式。

11.5.1 自定义播放文稿时间

演示文稿的播放，大多数情况下是由演示者手动操作控制播放的，如果要让其自动播放，需要进行排练计时。

在幻灯片放映时可以通过设置放映时间间隔来切换幻灯片，而无须单击鼠标。一般地，有两种方法可以设置幻灯片在屏幕上显示时间的长短——人工设置时间与排练计时。

（1）人工设置时间

①在幻灯片或者幻灯片浏览视图中，选择要设置时间的幻灯片；

②选择【幻灯片放映】菜单中的【幻灯片切换】命令；

③在【换页方式】栏中选中【每隔】，然后输入希望幻灯片在屏幕上出现的秒数；

④单击【应用】或【全部应用】按钮即可。

（2）排练计时

①打开需要设置放映时间的演示文稿。

②选择【幻灯片放映】菜单中的【排练计时】命令，激活排练方式；单张幻灯片放映所耗用的时间和文稿放映所耗用的总时间显示在“预演”工具栏中（见图 11–7）。

③手动播放一遍文稿，并利用“预演”中的“暂停”和“重复”等按钮控制排练计

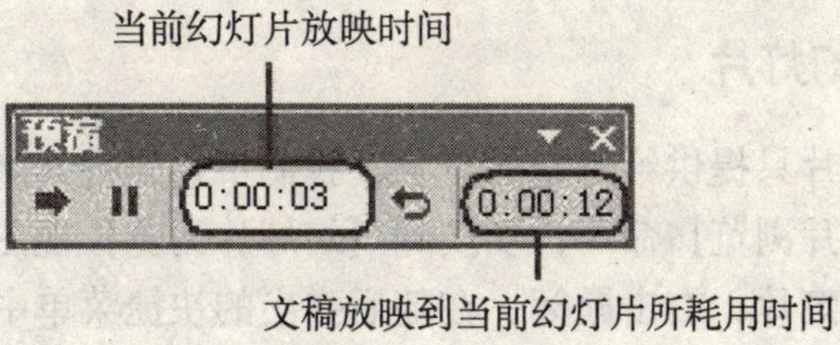

图 11–7　“预演”工具栏

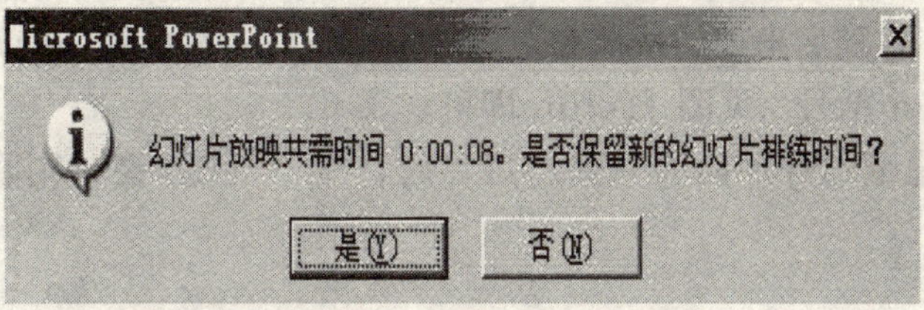

图 11–8　保存计时结果对话框

时过程，以获得最佳的播放时间。

④播放结束后，系统会弹出一个提示是否保存计时结果的对话框（见图 11–8），单击其中的“是”按钮即可。

11.5.2　循环放映文稿

如果文稿在公共场所播放，通常需要设置成循环播放的方式。

进行了排练计时操作后，打开“设置放映方式”对话框（见图 11–9），选中【循环放映，按 ESC 键终止】和【如果存在排练时间，则使用它】两个选项，确定退出。

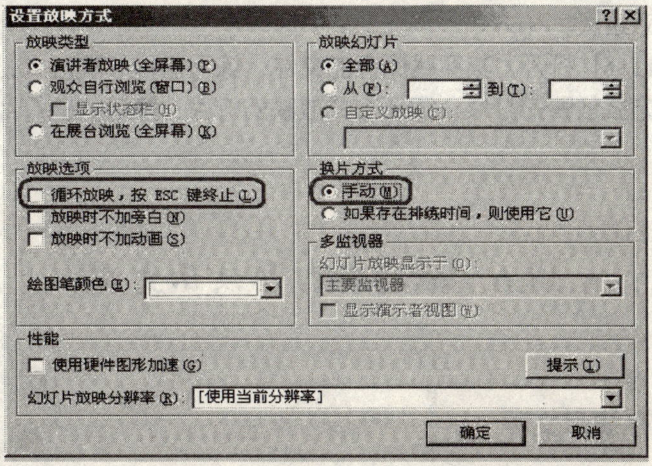

图 11–9　“设置放映方式”对话框

11.5.3 隐藏部分幻灯片

如果文稿中某些幻灯片只提供给特定的对象，我们不妨先将其隐藏起来。

①执行【视图→幻灯片浏览】命令，切换到【幻灯片浏览】视图状态下。

②选中需要隐藏的幻灯片，右击鼠标，在随后弹出的快捷菜单中，选【隐藏幻灯片】选项（此时，该幻灯片序号处出现一个斜杠，在一般播放时，该幻灯片不能显示出来）。

在进行放映时，如果要让隐藏的幻灯片播放出来，可用下面两种方法来实现：

①右击鼠标，在随后出现的快捷菜单中，选【定位→按标题→隐藏的幻灯片】隐藏的幻灯片序号有一个括号（见图 11-10）即可。

②在播放到隐藏幻灯片前面一张幻灯片时，按下【H】键，则隐藏的幻灯片播放出来。

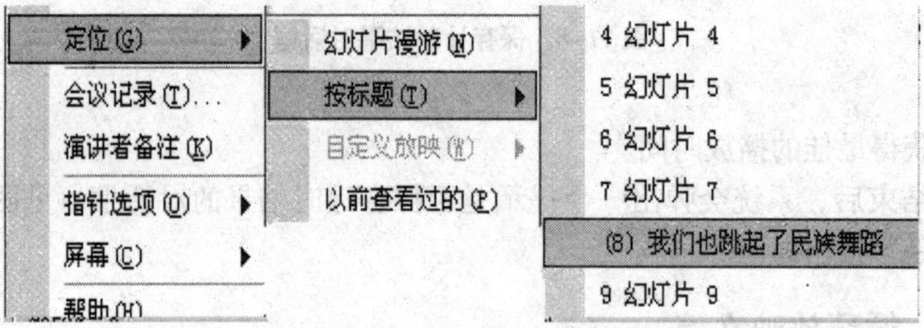

图 11-10 定位快捷菜单

放映技巧：及时指出文稿重点。

在放映过程中，我们可以在文稿中画出相应的重点内容：在放映过程中，右击鼠标，在随后出现的快捷菜单中，选【指针选项→画笔】选项，此时，鼠标变成一支“粉笔”，可以在屏幕上随意绘画。

[案例实践 11-6] 打开上次实践保存的文件，练习各种放映方式，人工设置时间放映；以排练计时方式放映幻灯片；循环方式放映幻灯片；隐藏的幻灯片放映，观察各种放映效果。

11.6 保存及打印演示文稿

11.6.1 保存演示文稿

演示文稿可以保存为多种形式，如：

①演示文稿形式（扩展名为 .PPT），可以对幻灯片进行创建、修改、删除幻灯片；

②超文本形式（扩展名为 .html，.htm），可以直接在浏览器上打开；

③大纲/RTF 形式，可以在 Word 中打开使用；

④PowerPoint 放映形式（扩展名为 .PPS）；

⑤打包演示文稿，可以在没有 PowerPoint 环境下打开。

另外，可以将演示文稿转成 Word 文档，如果要将演示文稿转成 Word 文档，并且希望将精心制作的幻灯片一起制成图文并茂的文件，可以按照下述步骤进行操作：

①在 PowerPoint 中，打开要转换的演示文稿。

②单击【文件】菜单中的【发送】命令，从其级联菜单中选择【Microsoft Word】命令，出现如图 11-11 所示的“撰写”对话框。

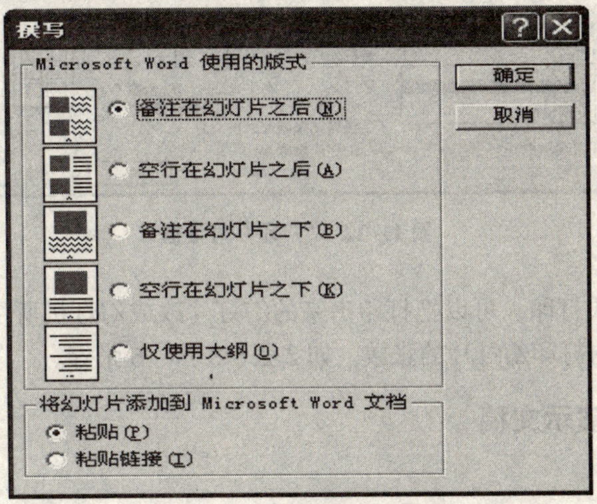

图 11-11　“撰写”对话框

③在“Microsoft Word 使用的版式”区中选择所需的版式，例如，希望在文档中将备注信息放置到幻灯片图片右方，可以选中【备注在幻灯片之后】单选按钮；如果不希望包含图片，仅希望编辑大纲文字，可以选中【仅使用大纲】单选按钮。

④在“将幻灯片添加到 Microsoft Word 文档”区中选择幻灯片的添加方式，选中【粘贴】单选按钮时，将幻灯片嵌入在 Word 文档中；选中【粘贴链接】单选按钮时，将幻灯片插入到 Word 文档中，并与原演示文稿之间建立链接关系。

⑤单击【确定】按钮。这时会自动启动 Word 2000，创建一个新文档，并且将每张幻灯片依序放入表格中的位置。

⑥用户可以在表格的适当位置输入文本，也可以对表格进行格式化，如改变列宽、添加表格线等。

⑦制作完成后，可以将其保存为 Word 文档，或者将其打印出来。

[案例实践 11-7] 打开保存的文稿，分别以超文本形式在浏览器中放映；以 PowerPoint 放映形式保存、放映，并将演示文稿转成 Word 文档。

11.6.2　打印幻灯片

PowerPoint 有四种打印形式，分别是幻灯片、讲义、备注页、大纲视图。如图 11-12 所示。

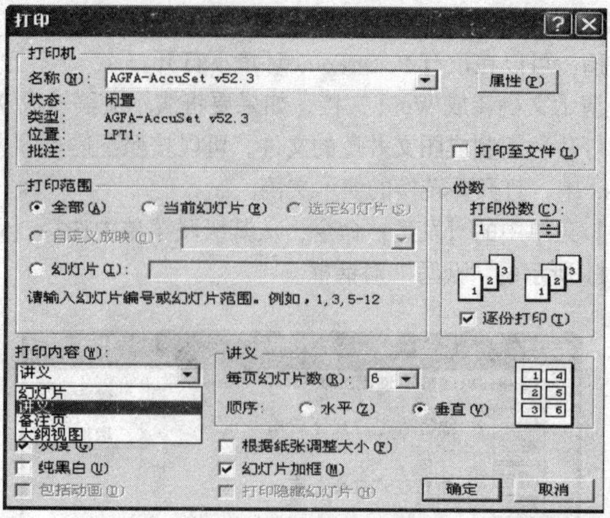

图 11-12 “打印”对话框

采用幻灯片形式打印，可以把打印出来的幻灯片改成幻灯机所用的胶片。讲义样式可以设置在一张纸内打印幻灯片的张数，如 2 张、3 张、6 张等。

11.6.3 打包演示文稿

(1)“打包”

如果要在另一台计算机上放映幻灯片，可以使用“打包”向导，该向导能将演示文稿所需的所有文件和字体“打包”到一起。如果要在没有安装 PowerPoint 的计算机上观看放映，它也能打包 PowerPoint 播放器。方法如下：

①打开要打包的演示文稿，选择【文件】菜单中的【打包】命令，出现“打包”向导对话框；

②在该对话框中，点击【下一步】，在新出现的对话框中，输入要打包的文件的正确路径和文件名，单击【下一步】；

③在新出现的对话框中，选择所需的目的地，单击【下一步】；

④在新出现的对话框中，选择是否将连接的文件和字体一起打包，然后单击【下一步】；

⑤在新出现的对话框中，选择是否将播放器打包，然后单击【完成】，系统将进行文件复制。

(2) 展开“打包”

将复制有“打包”演示文稿的软盘插入软驱中；

打开软盘，双击“Pngsetup”文件，然后按提示进行操作即可。

这里软盘也可是硬盘中某一文件夹。

[案例实践 11-8] 打开已保存的文稿，将文稿打包于自己的文件夹（能够在没有 PowerPoint 环境下仍能使用的形式）并解包放映。

11.7 实践内容

11.7.1 案例实践

[案例实践 11-1] 打开上次实践保存的文件，插入背景音乐；保存文稿。

[案例实践 11-2] 打开上次实践保存的文件，设置幻灯片切换效果，并放映观察切换效果；保存文稿。

[案例实践 11-3] 打开上次实践保存的文件，为适当的对象（文本、图片等）添加合适的动画效果，观察放映效果，反复修改直至满意；保存文稿。

[案例实践 11-4] 打开上次实践保存的文件，为整篇文稿添加一页内容说明，罗列出文稿中的各项内容，将其位置调整到标题页（第一页）后面，并为每一项建立超级链接到文稿中该项内容的幻灯片；为“个人爱好”页中的每项爱好建立超级链接到文稿中该爱好内容的幻灯片；保存文稿。

[案例实践 11-5] 打开上次实践保存的文件，除了标题页，为每页幻灯片添加前进和后退按钮，可用系统给定的按钮，也可自己绘制；保存文稿。

[案例实践 11-6] 打开上次实践保存的文件，练习各种放映方式，人工设置时间放映；以排练计时方式放映幻灯片；循环方式放映幻灯片；隐藏的幻灯片放映，观察各种放映效果。

[案例实践 11-7] 打开保存的文稿，分别以超文本形式在浏览器中放映；以 PowerPoint 放映形式保存、放映，并将演示文稿转换成 Word 文档。

[案例实践 11-8] 打开已保存的文稿，将文稿打包于自己的文件夹（能够在没有 PowerPoint 环境下仍能使用的形式）并解包放映。